増補改訂

証券アナリストのための
ための
数学
再入門

金子誠一
佐井りさ 共著

はじめに

　世の中には2種類の人間がいます。男と女ではありません。大人と子供でもありません。**数学頭人間**と**文学頭人間**です。

　この本を手に取っているあなたは文学頭人間でしょう。別にあなたを非難しているわけではありません。文学頭でも日常生活には特に不自由しません。むしろ恋愛をするときなどにはかえって都合が良いかもしれません。しかし、文学頭は証券アナリスト試験を受験する時には**とても不利**になります。私は30年近く生命保険会社でほぼあらゆる資産運用実務を経験しました。この間、ほんの少し数学が苦手なために証券アナリスト資格取得を断念する人をたくさん見てきました。その後、(社)日本証券アナリスト協会で証券アナリスト教育・試験の運営実務に携わることになり受講生の方がどんな点に悩みまた躓くのかを直接知る機会が増えました。本書はこうした体験を踏まえて証券アナリスト試験合格のためにあなたの頭を改造しようという本です。

　文学頭、数学頭と言っても生まれつき固定しているものではありません。誰でも**正しい方法論**を身に付けて**ほんの少しの努力**をすれば数学頭人間になれます。そう、子供がやがて大人になるように。偉そうなことを書いていますが、この私も典型的な文学頭人間です。仕事の必要に迫られて渋々数学を勉強しましたが、今から思うと随分遠回りしました。この本では一番の近道を示したつもりです。私が丁寧に道案内しますから一緒に数学頭をつくりましょう。そして証券アナリスト試験に合格し、それぞれの分野で活躍し楽しく充実した人生を送りましょう。

　本書は3種類の証券アナリスト試験、すなわち(社)日本証券アナリスト協会が行う証券アナリスト試験、ACIIA®が行う証券アナリスト国際資格試験（CIIA®）およびCFA協会が行うCFA®試験で扱われる数学問題を全てカバーしたつもりです。逆にこれらの試験で扱われない数学には一切触れていません。読者としては高校であまり数学を勉強しなかった方、高校の数学を忘れてしまった方および統計学を勉強したことのない方を想定しています。

　本書の大きな特徴は、証券分析理論の中から数理的分析を必要とするもののみを抽出し、これを縦軸に通し、数学と統計学は横軸として必要なつど解説し

ていることです。数学や統計学だけ続けて勉強するととても疲れますし、実際の試験問題は証券分析の問題として出題されるのでこれが最も実践的なアプローチだと思います。説明はできるかぎり具体的な例題形式で行い、学んだ知識をすぐに確認できるように過去問を含む練習問題を豊富に用意しました。

　本書は、第Ⅰ部イントロダクション、第Ⅱ部収益率の測定、第Ⅲ部ポートフォリオの管理、の３部構成になっています。イントロダクションでは、最初に「数学学習の方法論」という章で数学への接し方、勉強の仕方を詳しく説明します。つぎに「証券アナリストに必要な数学」という章で、アナリスト試験および教育に含まれる数学と学校教育における数学の関連を確認します。

　第Ⅱ部収益率の測定では、証券分析におけるリスク指標としての分散と標準偏差について学んでから、証券価格決定の基礎である裁定取引と収益率決定の基礎である複利利回りについて体系的に学習します。この途中で等差数列、等比数列、対数の計算に習熟し、最後にオプション価格の計算で締めます。

　第Ⅲ部ポートフォリオの管理では、視点を個別資産からポートフォリオ全体に転じます。株式ポートフォリオ管理、債券ポートフォリオ管理に固有の問題を検討した後、統計学の諸手法のポートフォリオ管理への応用を実践的に学習します。この途中で分散、共分散、仮説検定、微分、積分等を使いこなせるようにし、最後は回帰分析と多変量解析の基礎で締めます。

　ずい分盛り沢山な内容だと思われるかもしれませんが、証券アナリスト試験で用いられる数学は実は特殊なものではなくまた範囲もごく限られています。本書をマスターすれば数学で躓いて不合格になるということはありえません。

　それでは、頭の改造の旅へ、いざ出発！

＊　練習問題のうち　過去問　！　マークをつけた問題は実際に証券アナリスト試験に出題されたもので、(社)日本証券アナリスト協会の許可を受けて掲載したものであり、無断でこれを複製することを禁じます。

増補改訂版への序

　本書の初版を刊行後、早くも８年が経過しました。もともと、数学や統計学が苦手な人のための証券アナリスト試験用受験参考書を意図したものでしたが、既にCMAやCFAを取得している人たちから「目から鱗だった」と言われたり、会計学や経営学を専攻する大学院生の人たちから「修士に入ってから『数学再入門』を勉強した」と言われたり、予想外の方達にも読んでもらえたのは、著者としては大きな喜びでした。反面、なるべく易しく書いたつもりですが、本来想定していた読者の方には、ちょっと難しく感じられる箇所もあったかもしれないと反省もいたしました。

　証券アナリスト講座は2006年〜2008年にかけて大きく改訂されましたが、この時の目玉のひとつが、それまで、「証券分析とポートフォリオ・マネジメント」の１次レベルに３冊あった数学・統計学のテキストが、１次レベル１冊、２次レベル１冊に再編されたことです。３冊が２冊になったのですから、表面的には比重低下ですが、これは学習者の利便性・負担を考慮しつつも、本当に必要な数学・統計学の知識は１次２次を通して問うという、アナリスト協会の決意の表れと捉えるべきでしょう。協会の決意の背景には、投資実務における数学・統計学の活用が進んでいるという現実があります。

　この増補改訂版では、アナリスト講座の改訂に伴って新たに１次レベルのカリキュラムに入った「状態価格」、２次に加わった「信用リスクモデル」の説明を加えるとともに、統計的検定・推定、多変量解析の部分を刷新し、過去問は原則として改訂後のものに差し替えました。テキストが１次・２次に分かれたことに対応し、２次レベルの内容・問題については　2次！　マークを付けました。

　初版に対して、もっと練習問題が欲しいという声がありましたので、本文中の練習問題を増量するとともに、巻末に付録として「１次レベル　過去問名作集」を掲載しました。これは証券アナリスト１次試験によく出題される計算問題の名品を選りすぐって収録したものです。結果として練習問題は２割以上増加しています。

　増補改訂版には、大阪大学の佐井りさ先生に共著者として加わってもらいました。佐井先生は東京大学大学院博士課程在学中から、アナリスト協会の数量

分析入門講座の講師を務め、プログラムの内容や受講生の癖などを熟知している理想的な共著者です。佐井先生には上記の改訂箇所を執筆いただくとともに、その他の部分で説明が曖昧な点などを改善してもらいました。初版に比べると、より高度な内容も含みますが、説明はより平易に分かり易くなったと自負しています。

　この増補改訂版が幅広い読者の方に、従来以上にお役に立てれば幸いです。

2012年3月

金子　誠一

目次

第I部

イントロダクション

第1章　数学学習の方法論 …数学頭づくり ３つの習慣

　日本語の本を読んでいるとしましょう。突然数行の英語の文章が出てきたらどうしますか。簡単な英語だったらそのまま黙読して次に進むでしょう。とても難しい英語だったらどうしますか。「そんな本は読むのをやめる」というのも立派な選択肢です。でも、どうしても読まなければならない本だったらどうしますか。辞書を引いて知らない単語を調べ、日本語に訳して良く理解してから先に進みますよね。それでは日本語の本を読んでいて突然数行の数式が出てきたらどうしますか。そう、飛ばして先へ進みますよね。これが文学頭人間の典型的パターンです。このパターンを変えない限り**数学頭への変身は不可能**です。それでは、どうすれば良いのか。具体例をあげましょう。

$$C = \max(S - K, 0)$$

　　　　ただし、C は満期日におけるコール・オプションの価値

　　　　　　　S は満期日における原資産価格

　　　　　　　K は行使価格

という数式に出会ったとしましょう。これは満期日におけるコール・オプションのペイオフ（損益）を示す式ですが、たまたま例として取り上げているだけなので現時点で内容が分からなくても結構です。それでは、こうした数式に出会ったときにどうするべきか。第1にそのまま読む、第2に日本語で読む、第3に数値例を当てはめて読む、という3つのステップを踏まなくてはなりません。実際にやってみましょう。

① 　Cイコール、マックスSマイナスK、またはゼロ。

② 　満期日におけるコール・オプションの価値はそのときの原資産価格から行使価格を引いたものとゼロとのいずれか大きい方になる。

③ 　ある株式のコール・オプション（行使価格3,000円）を持っていたとしよう。満期日に株価（原資産価格）が3,100円だと、コール・オプションの価値は3,100円引く3,000円つまり100円と 0 円の大きい方だから100円になる。株価が2,900円になると2,900円引く3,000円、つまりマイナス100円と 0 円の大きい方だから 0 円になる。3,500円の場合は500円、

2,500 円の場合は 0 円。なるほど、株価がいくら下がっても 0 円以下にはならないし、行使価格を上回った部分はそっくり利益になるわけだ。

　面倒くさいですね。でもここまでやって初めて**数式を読んだ**ことになるのです。数学頭人間は無意識にこの作業を行っています。もちろん、数式に出会ったら常にこの手順が必要だと言うわけではありません。例えば、日本語の文章の中に、

　　"Hello, how are you today?"

　　"Fine, thank you. How about you ?"

　　"I am fine too, thank you."

という英語が出てきてもこれは日本語に訳さなくてもそのまま理解できますね。数式も内容を良く知っているものなら、見るだけでいいのですが良く知らないものは上記の 3 ステップ法で解読しなくてはなりません。**数式と出会ったら解読する**。これが数学頭づくりに必要な**第 1 の習慣**です。ここで私たち文学頭人間がぶつかる困難は、ステップ 1 で数式を読もうとしてもやたらにギリシャ文字や変な記号が出てくるので、読みたくても読めないということです。そこで**図表 1 - 2** にギリシャ文字の読み方を示しました。**図表 1 - 3** には証券アナリスト試験で用いられることのある数学記号を示しました。数式における文字は単なる符号なので読める必要はない、という説もあります。でも、犬や猫でもポチとかタマとか名前を付けて呼ぶから可愛くなるのです。数式が可愛くなるように**図表 1 - 2 と 3** を活用して読めるようになりましょう。**図表 1 - 2** にはギリシャ文字の証券分析における典型的な使用例もあげてあります。今の段階でこれを全部分かる必要はありませんが試験の直前になっても分からない使用例があったら大問題です。そのときは教科書を復習しましょう。

　数学は英語のように読むべしと書きましたが、数学が出来る人と英語が出来る人には共通点があります。それは体育会系の性格の人が多いということです。これは私の偏見かもしれませんが30年超の実務体験に裏付けられた偏見です。体育会系の人の特徴は基礎練習の反復が好きだということです。彼らは長年の体験から一見単調な基礎練習にもそれなりの味わいがあり、また基礎練習の反復が将来必ず果実をもたらすことを熟知しています。こうした基礎練習愛好家がなぜ数学や英語に向いているかというと、数学も英語も基本からの積み重ねが必要なためです。例えば現在完了型が分からなければ過去完了型は理解不能でしょう。同様に微分が分からなければ偏微分の分かりようがありません。

数学での基礎練習とは何と言っても練習問題です。野球の選手が毎晩何百回も素振りをするように、練習問題を繰り返し解いて体で覚えましょう。体で覚えることによって理論も本当に理解できるのです。文学頭人間は練習問題が嫌いです。"To be or not to be."と正解がない問題で悩むのが好きなので、唯一の正解（unique solution）があることを保証されている課題に取り組むのは馬鹿らしいのですね。数学的才能があれば練習問題は必要ないでしょう。残念ながら私たちには才能がないので練習問題をやるのが結局のところ**一番の近道**になるのです。これも証券アナリスト試験に合格するまでの辛抱です。体育会系の振りをして基礎練習の反復に取り組みましょう。**練習問題を解いて体で覚える、**これが数学頭づくりの**第2の習慣**です。

　さて、あなたは本を読むときにどこで読みますか。そう、ベッドのなかですよね。そしてベッドに寝転んで読んで分からない本は書き方が悪いと思っていますよね。数学頭人間は紙と鉛筆と電卓を持って机に座って本を読みます。何故でしょうか。数式の出てくる教科書を読んでいるとしばしば『式(1)と式(2)から容易に式(3)が導かれる』というような表現に出会います。このときあなたはどうしますか。そう、容易なんだろうなと思って先に進みますよね。ここが数学頭人間と文学頭人間の分かれ道です。数学頭人間は本当に導かれるかどうか**自分で確認する**のです。このとき(1)(2)式を展開して(3)式を導く作業が30分以内でできればラッキーだと考えています。彼らは丸一日この作業をしていても、とてもハッピーなのです。そのために紙と鉛筆と電卓を持って机に座って本を読むのです。私たちも頭の改造のためには自分で確認する癖をつける必要があります。自分で確認することによって圧倒的に理解が深まるからです。ただし、私たちの目的は数学者になることではないので、30分考えても出来なかったらそれ以上追求せずに身近にいる数学頭人間に教えてもらうことにしましょう。このとき必ず「ここまでやったんだけど分からない」と自分の作業内容を見せるのがマナーです。数式を見ると必ず興奮する人たちなので親切に教えてもらえます。紙と鉛筆と電卓を持って**机に座る**、式の導出は**自分で確認する**、これが**第3の習慣**です。

　第1に数式に出会ったら読み、訳し、数値例で考える、**第2**に練習問題を必ず解いて体で覚える、**第3**に机に座って紙と鉛筆を持って勉強し、式の導出を自分で確認する、この**3つの習慣**を持つだけで数学頭は必ず出来ます。

半信半疑の人のために、何故あなたが今現在、数学が苦手なのか、数学が出来ないのか確認しておきましょう。

　あなたが大学を卒業したばかりの人だとしましょう。文科系なので数学は高校2年までしか勉強しませんでした。高校1, 2年のときは毎日1時間数学を勉強したとします。あなたの中学卒業後の総数学学習時間は365日×2年間×1時間＝730時間になります。あなたのお友達の数学頭人間を思い出しましょう。お友達は理科系だし、数学がもともと好きだったので高校のときは毎日2時間、大学では毎日3時間数学を勉強しました。お友達の総数学学習時間は6,570時間になります。あなたの9倍です。あなたはお友達の1/9しか数学が出来なくて当然なのです。向き不向きもあるでしょう。もって生まれた才能の違いもあるかもしれません。しかし、数学が出来ない、苦手である主な理由は**圧倒的な学習時間不足**による場合がほとんどです。私たちはエンジニアとして就職するわけではなく、理科系の大学院に進学するわけでもないのでこれから6,000時間数学を勉強する必要は毛頭ありません。練習問題を丁寧に解きながらこの本を読んだあとで、証券分析のテキストを数式部分に注意しながら通読すれば証券アナリスト試験に必要な数学知識をマスターできると思います。学習の過程でいやになったり、くじけそうになったりするかもしれません。このとき決して「私は数学に向いていない」と考えないでください。あなたはこれまでの人生で**ほんの少し数学に費やす時間が少なかっただけ**なのですから。

　さあ、前置きはこれくらいにして早速学習に取り掛かりましょう、と言いたいところですが、その前に証券アナリストに必要な数学知識はどのようなものか、それらは学校教育のどのレベルで学ぶものなのかを確認しましょう。

コラム　数学の本（1）

　数学を好きになれば数学頭は出来たも同然です。好きになるためには相手のことを知らなくてはなりません。このコラムでは気軽に読める数学の本をご紹介します。

　最初の本は、藤原正彦『天才の栄光と挫折』新潮選書、2002年、253頁。古今東西の天才数学者の伝記とゆかりの地を訪ねた紀行文集。ニュートン、関孝和、ガロワ等9人の数学者が取り上げられている。天才数学者の中には頭が良すぎて世の中に受け入れられず不幸な人生をおくった人も多く、ああ数学が出来なくて良かったと妙に幸せな気持ちになれる本です。

図表1－1　数の体系

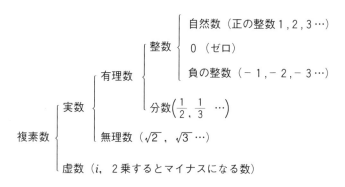

＊　証券アナリスト試験レベルの数学は実数までが対象です。

図表１－２　ギリシャ文字の読み方と証券分析における代表的使用例

大文字	小文字	読 み 方	使 用 例
A	α	アルファ	α は個別株式の超過収益
B	β	ベータ	β は個別株式の株式市場ポートフォリオへの感応度
Γ	γ	ガンマ	
$\triangle$	δ	デルタ	$\triangle$ は差分記号
E	ε	イプシロン	ε は個別株式の残余リスク
Z	ζ	ツェータ、ゼータ	
H	η	エータ	
Θ	θ	シータ	
I	ι	イオタ	
K	κ	カッパ	
Λ	λ	ラムダ	λ はリスク回避度
M	μ	ミュー	μ は平均値
N	ν	ニュー	
Ξ	ξ	グザイ、クシ	
O	o	オミクロン	
Π	π	パイ	π は円周率　Π は掛け算記号
P	ρ	ロー	ρ は相関係数
Σ	σ	シグマ	Σ は足し算記号　σ は標準偏差
T	τ	タウ	τ はリスク許容度
Υ	υ	ウプシロン	
Φ	$\phi\ \varphi$	ファイ	
X	χ	カイ	χ^2（カイ２乗）分布が統計学で現れる
Ψ	ψ	プサイ、プシー	
Ω	ω	オメガ	ω は情報比

図表1－3　数学記号の意味と読み方、使用例

記　　号	読み方・意味・使用例
C	組み合わせ（combination）。$_4C_1$（4C1と読む）。
Cov	（統）コバリアンス。共分散。
d	ディー。微分記号。
∂	ラウンドディー。偏微分記号。
e	自然対数の底。e=2.71828・・・。
i.i.d.	（統）independent and identically distributed. 独立同一分布。
lim	リミット。極限値。
log	ログ。自然対数。$\log_e$、lnと表記することもある。
N	エヌ。$N(\mu, \sigma^2)$、平均ミュー、分散シグマ2乗の正規分布。
P	順列（permutation）。$_4P_2$（4P2と読む）。
s.t.	Subject to.条件として。
Var	（統）バリアンス。分散。
~	（統）チルダ。$\tilde{n}$チルダエヌ。nは確率変数。
^	（統）ハット。$\hat{P}$ハットピー。Pは推定値。 表計算ソフト、関数電卓、Eメールなどでは累乗記号として用いられる。a^2（aの2乗）。
‾	（統）バー。$\bar{X}$バーエックス。Xの平均値。
´	ダッシュまたはプライム。微分記号。 行列に用いられると転置行列を示す。
∫	インテグラル。積分記号。
●	式の一部を省略する記号。$N(\bullet)$。●の内容は別に定義されている。
~	（統）に従う。$X \sim N(0, 1)$。確率変数Xは平均0、分散1の正規分布に従う。
P(●|●)	（統）条件付確率。$P(Y=y_i \mid X=x_i)$、$X=x_i$を条件にしたときの$Y=y_i$の確率。
≅	ほぼ等しい。≈，≒も同じ意味。
≠	等しくない。ノットイコール。

この表は、証券アナリスト試験レベルの数学記号使用例を示しています。同じ記号でも数学のほかの分野では違った意味で用いられることがあります。なお、（統）は統計学で用いられる記号です。

第2章　証券アナリストに必要な数学

（1）証券アナリスト試験と高校数学

　図表2－1は高校の学習指導要領（平成14年高校入学者まで適用）を見て証券アナリストに必要な数学知識とそれを学習するレベルをまとめたものです。証券アナリストに必要な数学で高校で学ばないのは偏微分とテイラー展開だけです。偏微分は微分が分かればその自然な延長ですし、テイラー展開は微分を用いた関数の値の近似計算公式ですから、理論的に難しいものではありません。図表2－1をもう一度見ていただくと、いわゆる代数学や解析に属するテーマのみが取り上げられていることに気が付くと思います。高校の数学と言っても3角関数や集合は対象になりません。また実数（普通の数やルートのつく数）を取り扱うので虚数（2乗するとマイナスになる数）や複素数（実数と虚数の組み合わせ）も必要ありません。高校数学の一部分が分かれば証券アナリスト試験・教育に対応できるのです。また、図表2－1で示した分野のうち計算問題として試験で使用されるものは限られており、多くはテキストおよびそこで説明される理論の理解のために必要なものです。

　数学の親戚のように見えるのが統計学です。統計学は学習指導要領には含まれていますが、大学入試の試験対象に含まれないことが多いために、高校ではほとんど教えられないようです。従って、大学で学んだ人以外は証券アナリスト試験のために学習する必要があります。具体的には平均、分散、共分散、標準偏差、正規分布、推定、仮説検定、回帰分析といった概念に習熟しまたその多くを実際に計算できるようにしておく必要があります。ただし、証券アナリスト試験の統計学で必要な数学はごく初歩的なもので、もちろん全て図表2－1に含まれています。

　必要な範囲が広いなあ、という溜息が聞こえてきそうです。でも大学入試のひねくれた問題に挑戦するわけではなく、それぞれの分野の基本的な概念と計算法を取得すれば良いだけなので、決して難しい課題ではありません。

図表2－1　証券アナリストに必要な数学と学習レベル

テ　ー　マ	学　習　レ　ベ　ル
平方根を含む式の計算	数　学Ⅰ
指数法則	数　学Ⅰ
２次方程式の解法	数　学Ⅰ
等差・等比数列	数　学A　数　学Ⅲ
確　率	数　学A
累乗根の性質	数　学Ⅱ
指数関数	数　学Ⅱ
対数・対数関数	数　学Ⅱ
微分法	数　学Ⅱ　数　学Ⅲ
積分法	数　学Ⅱ　数　学Ⅲ
確率分布	数　学B
ベクトル	数　学B
行　列	数　学C
統　計	数　学C
偏微分	大　学
テイラー展開	大　学

（２）本書の構成

　図表2－2に証券アナリスト試験と数学、統計学のイメージを示しました。証券分析と数学、統計学が三位一体、あるいは魔のトライアングルを構成しているわけです。「数学が苦手なので証券アナリスト試験は難しい」という人の中には、実は数学以前に証券分析の基本的な理論が良く理解できていない方もおられます。それでは、腰を据えて証券分析理論を学習しようとすると、一部のテキストは数学を駆使していますのですぐに嫌になってしまう、という悪循環に陥ります。数学と統計学を体系的に学習してから証券分析を学ぶのが理想的ですが、時間がかかりすぎるので現実的ではありません。

　また、証券分析のテキストは株、債券、デリバティブといった商品別に構成されているので、同じような数理的概念が少しだけ型を変えて登場することも

理解を難しくします。

　そこで、本書では証券分析理論の中から数理的分析を必要とするもののみを、できるだけ一般化して抽出し、これを縦軸に通し、数学と統計学は横軸として必要な都度解説しました。数学基礎という章が 4 章、統計学基礎が 4 章、計 8 章が証券分析理論の合間に挿入されています。数学や統計学だけ続けて勉強するととても疲れますし、実際の試験問題は証券分析の問題として出題されるのでこれが最も実践的なアプローチだと思います。

　本書の第 II 部は「収益率の測定」、第 III 部は「ポートフォリオの管理」です。ここでは計算問題として試験に出題される可能性が高い分野を取り上げています。そう、収益率とポートフォリオ管理に伴う問題を理解できれば、証券アナリスト試験の計算問題にはほぼすべて対処できるのです。

　なお、本書は株式、債券、オプション等の金融商品および証券分析理論についての基本的知識は前提としています。これらの知識に自信が無い人は巻末の「さらに勉強するために」に示した参考文献で勉強してください。それでは、ベーシック編に進む前に√、Σ、関数という数学の基本の復習をしましょう。これらの理解に自信がある人は直接第 II 部に進んでください。

図表 2 － 2　証券アナリスト試験と数学・統計学

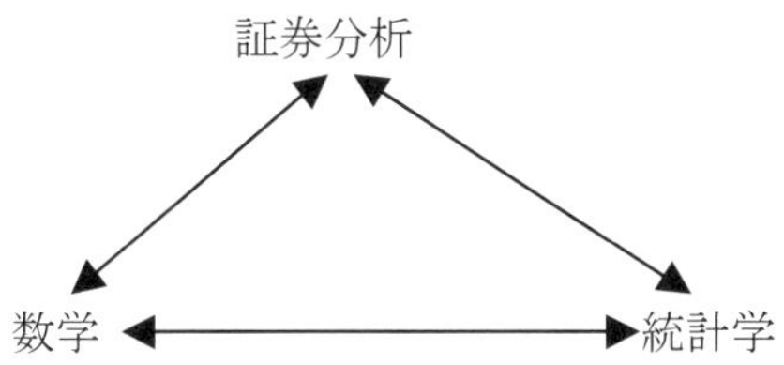

証券分析

数学　　　　　　　　　　　統計学

第3章　＜数学基礎 1＞ $\sqrt{}$　Σ　関数

（1）ルートと累乗

　ルート。$\sqrt{}$。根（こん）。え、馬鹿にするなって。まあ、基本のキから始めましょう。

　例えば$\sqrt{4}$（ルート4と読みます）というのは2乗すると4になる数のことです（注）。

　$\sqrt{4}$は2ですね。$\sqrt{9}$は3になりますね。

　2^2は$2 \times 2 = 4$ですし、3^2は$3 \times 3 = 9$になります。

　それでは$\sqrt[3]{27}$というのは、何だか分かりますか。27の3乗根と読んで、3乗すると27になる数のことです。$3 \times 3 \times 3 = 27$ですので答えは3です。

　一般に$\sqrt[n]{}$を累乗根といいます。$\sqrt[2]{}$の時だけ左上の2を省略するのです。

　ルートとコインの裏表の関係にあるのが累乗です。3^2で3を底（てい）、2を指数と言います。累乗は同じ掛け算を何度も繰り返すということです。あたりまえですね。

　それでは、$4^{1/2}$は何だか分かりますか。これは$\sqrt{4}$のことです。同様に$27^{1/3}$は$\sqrt[3]{27}$のことです。4^{-2}はご存知ですか。これは$\frac{1}{4^2}$になります。証券分析の数学では100万円を毎年5％で10年間運用したらいくらになるか、というような掛け算を繰り返す計算がしばしば用いられます。また、7％で5年間運用したら200万円になったが元金はいくらだったか、という計算も重要です。このために累乗や累乗根の扱いに習熟しておく必要があります。次頁に累乗のついた数同士の計算ルール（指数法則）と累乗根の計算ルールのうち現段階で最低知っておくべきことを示しました。これを参照しながら練習問題に取り組んでください。

（注）正確には2乗して4になる数で正（マイナスでない）の数です。$(-2) \times (-2)$も4ですが$\sqrt{4}$の答えにはなりません。4の平方根はプラス2とマイナス2ですがプラスの平方根をルートで表しています。

指数と累乗根の計算ルール　　$(a, b, m, n > 0)$

(1) $a^0 = 1$

(2) $a^m a^n = a^{m+n}$

(3) $\left(a^m\right)^n = a^{mn}$

(4) $(ab)^m = a^m b^m$

(5) $a^{-m} = \dfrac{1}{a^m}$

(6) $\dfrac{a^m}{a^n} = a^{m-n}$

(7) $a^{1/n} = \sqrt[n]{a}$

(8) $a^{m/n} = \sqrt[n]{a^m}$

(9) $\sqrt[m]{a}\sqrt[m]{b} = \sqrt[m]{ab}$

(10) $\dfrac{\sqrt[m]{a}}{\sqrt[m]{b}} = \sqrt[m]{\dfrac{a}{b}}$

(11) $\sqrt[m]{\sqrt[n]{a}} = \sqrt[mn]{a}$

練習問題　3－1

次の数はいくつになりますか。

（1）$\sqrt{25}$　　　（2）$\sqrt[3]{8}$　　　（3）5^0　　　　（4）$16^{1/4}$

（5）$2^3 \times 2^2$　　　（6）$(2^3)^2$　　　（7）$2^3 \div 2^2$

＊練習問題の解答は巻末に載せてあります。不便ですって？　答えを見ると
　分かった気になるからわざと意地悪しているのです。3つの習慣を思い出
　して頑張ってください。

（2）Σ（シグマ）

　Σ記号を見ただけで頭が痛くなるという人がいます。残念ながら証券分析で
はΣを多用しますので頭痛薬を飲んで頑張るしかありません。とは言ってもΣ
は別に難しい概念ではなく、英語のsum（足す）の頭文字であり、単に足し算
を沢山やるぞという記号なのです。足し算ならそのままたくさん書けばよさそ
うですが、それが面倒くさいと言うのでΣという記号を発明したわけです。数
学者はものぐさな人達らしく計算やその表記を簡単にするために様々な発見や
工夫をしています。数学頭人間はこれを見ると「なんとエレガントで美しい」
と感動するのですが、文学頭人間は「余計なことを発見してくれなくていいの
に」と頭を抱えるのです。とはいえ、Σは征服しないと先へ進めません。簡単な
表記上の約束事を覚えればΣは難しくありません。具体的に見ていきましょう。

$\displaystyle\sum_{i=1}^{5} i$（シグマ i イコール1から5、i、と読みます）というのが最も一般的なパターンで、i という数字が1（Σの下）から5（Σの上）まで動くので、その全てを足し算する（Σの右）という意味です。つまり、

$\displaystyle\sum_{i=1}^{5} i = 1+2+3+4+5 = 15$ ということです。ちょっと複雑なパターンは $\displaystyle\sum_{i=1}^{5} x_i$

というものです。これは x という数には x_1 号から x_5 号まであるので、その全てを合計しろということです。x_1 号から x_5 号の中身は何でも良いのです。仮にこれを5年間の株価の収益率だったとし、下の表で示されるとしましょう。

（単位：%）

x_1	x_2	x_3	x_4	x_5
12.0	8.0	− 15.0	2.5	− 4.5

この場合、先の式は、

$\displaystyle\sum_{i=1}^{5} x_i = x_1 + x_2 + x_3 + x_4 + x_5 = 12.0 + 8.0 + (-15.0) + 2.5 + (-4.5) = 3.0$

ということになります。

$\displaystyle\sum_{i=1}^{3} a$ というように、シグマの内側の数に添え字が無い場合は、

$\displaystyle\sum_{i=1}^{3} a = a + a + a = 3a$ を意味します。$\displaystyle\sum_{i=1}^{3} 5$ は5を3回足すので15になります。

$\displaystyle\sum_{i=1}^{n} x_i$ というパターンもよくあります。これは x_1 号から x_n 号まで全て足してください。ただし n は加える項の最終項の番号、という意味です。同じことを誤解の余地がないときは $\sum x_i$ と Σ 記号の上下の指定を省いて表記することもあります。なお、これまで Σ のなかで動く数として i を使ってきましたが、これは i でなくても可。習慣として $i,\ j,\ k,\ t$ などがよく使われます。

例えば、$\displaystyle\sum_{i=1}^{3}\sum_{j=1}^{4} x_{ij}$ というように、シグマが2重になることもあります。なんだか目が回りそうですね。先に x_1 号から x_5 号までの足し算をやりましたが、今度は x_{11} 号から x_{34} 号までの足し算をやるわけで、次のマトリックスをイメージすると理解しやすくなります。

x_{11}	x_{12}	x_{13}	x_{14}
x_{21}	x_{22}	x_{23}	x_{24}
x_{31}	x_{32}	x_{33}	x_{34}

　このマトリックスを見ると、次の 2 重シグマの数式展開が分かりやすいと思います。

$$\sum_{i=1}^{3}\sum_{j=1}^{4}x_{ij} = \sum_{i=1}^{3}\left(\sum_{j=1}^{4}x_{ij}\right) = \sum_{i=1}^{3}(x_{i1}+x_{i2}+x_{i3}+x_{i4})$$

$$= (x_{11}+x_{12}+x_{13}+x_{14})+(x_{21}+x_{22}+x_{23}+x_{24})+(x_{31}+x_{32}+x_{33}+x_{34})$$

　2 重シグマはファイナンスの数学にしばしば登場しますが、決して難しいものではありません。シグマの勉強はここまでです。次の練習問題を済ませてから先に進みましょう。

練習問題　3－2

　次の数はいくつになりますか。なお x_i は下の表を参照しなさい。

（1）$\displaystyle\sum_{i=1}^{3} i$　　（2）$\displaystyle\sum_{i=4}^{6} i$　　（3）$\displaystyle\sum_{i=1}^{4} 2i$　　（4）$\displaystyle\sum_{i=1}^{3} x_i$　　（5）$\displaystyle\sum_{i=1}^{3} x_i y$

x_1	x_2	x_3
5	2	3

　$\sum$ の計算ルールは次を参照してください。

（1）　$\displaystyle\sum(x_i+y_i) = \sum x_i + \sum y_i$　　　（2）　$\displaystyle\sum(x_i-y_i) = \sum x_i - \sum y_i$

（3）　$\displaystyle\sum a \times x_i = a\sum x_i$　　　　　a は定数

（3）関数

　普通の人は足し算や引き算には何の問題も感じませんが（注）、人それぞれどこかで算数または数学に挫折します。掛け算・割り算・分数のあとの最大の関門は関数ではないかと思います。関数とは英語のfunctionの訳語で、この訳語が適切でないため関数でつまずく人が多いと言う説があります。関数とは

　　　$y = f(x)$

と表記されるもので、日本では「ワイ・イコール・エフエックス」と読みますが、英語ではY equals function (or f) of x. と読むそうです。これを訳せば「y は x の働きによって決まる数である」となるでしょう。確かに「y は x の関数である」というより分かりやすいかもしれない。より丁寧に $y = f(x)$ を定義すると「変数 x と変数 y が与えられ、一定のルール(f)によって、x のある値に対して y の値が唯一定まるとき、$y = f(x)$ と記し、y は x の関数であるという。このとき、x を独立変数、y を従属変数という」となります。なお、変数とは変な数ではありません。定数（値が定まった数）の反対語で値が変動する数のことです。それにしても、ずいぶん長い定義でしたね。具体例で考えてみましょう。

　　　$y = x + 2$

はグラフに書くと**図表３－１**に示した直線です。これを見ると x がゼロのときは y は２、２のときは４と、ある x に対して一定のルール($y = x + 2$)に従って唯一の y が決まっているので y は x の関数であることが分かります。ところで**図表３－１**を良く見ると y がゼロのときは x は－２、y が２のときは x はゼロとある y に対して唯一の x が決まっているではありませんか。つまりこの場合は、y が x の関数であり x が y の関数であり、いわば対等な関係にあります。

　今度は**図表３－２**を見てください。これは、

　　　$y = x^2$

をグラフにしたものです。この場合も x が１なら y は１、x が２なら y は４と一

<hr>

（注）ごく稀に大学院（もちろん文科系）に進むような人のなかにも指を使わないと簡単な足し算も出来ない人がいるそうです（B．バタワース、藤井留美訳『なぜ数学が「得意な人」と「苦手な人」がいるのか』主婦の友社、2002年、第７章）。あなたは指を使わないで足し算が出来ますか。もし出来なかったら、やっぱり、証券アナリストになるのはあきらめた方が良いでしょう。

定のルール($y = x^2$)に従って唯一の y が決まりますので、y は x の関数です。

　逆も真でしょうか。y が1のとき x は1または－1と2つの値の x があります。唯一の x が決まらないので x は y の関数ではありません。

　ここまでの説明で $y = f(x)$ が突然、$y = x + 2$ や $y = x^2$ に変身したことに戸惑われたかもしれません。また、高校生のときに $f(x) = x + 2$ とか $f(x) = x^2$ を習ったことを思い出した方もおられるかもしれません。ここで整理しましょう。

　中学生のときに学習する $y = x + 2$ は個別具体的な関数です。高校生になって出会う $f(x) = x + 2$ は $x + 2$ というルールで決まるある数、という意味でルールに重点をおいた少し抽象的な表現になっています。最後の $y = f(x)$ は最も抽象的かつ一般的な表現で、何らかのルールによって x から y が決まればよいので、$y = x + 2$ はone of themであり、$y = x^2$ でも $y = x^3$ でも何でもありです。どうして何でもありのいいかげんな表現をするかというと、具体的にどういう関係かはさておいても、ともかく関係があることにして先に進もう、というのが強力な武器になることがあるからです。具体的にどういう武器になるかは使用例に触れるうちに理解できるようになります。

　なお、例えば $f(x) = x^2$ という関数が与えられた時、$f(2) = 4$、$f(3) = 9$ といった表記をすることもあります。x が特定の値をとる時の x^2 の値を示すものです。

　関数は f 以外の記号を用いて、例えば $y = g(x)$ 表記されることもあります。英語ではY equals g of x. または、Y equals function g of x. と読みます。例えば $z = f(x)$ のあとに $y = g(x)$ と表記される例が多く、この場合は z も y も x の関数だが z, y を決めるルールは違うよという意味で f と g を使い分けます。経済学者が混乱に拍車をかけます。彼らはしばしば $C = C(Y)$ といった表記を用います。これは消費(C)は国民所得(Y)の関数である、という意味ですが、変数記号(C)を関数記号としても用いるのは経済学者の習慣で特に深い意味はありません。またカッコ内の変数が複数のこともあります。$y = f(x, z)$ のような例で x および z によって y が決まることを意味します。ともかく f や g のあとにカッコがきたら、関数だな、カッコ内の数をもとに一定のルールである数が決まるのだなと考えましょう。このとき「一定のルールって何？」と気にしてはいけません。ルールが何だか分からなくてもいい、ルールがあることだけ承知しておけばよいのです。

図表 3 － 1　　y = x ＋ 2 のグラフ

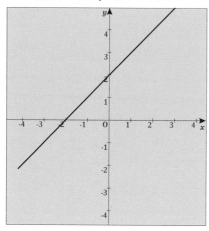

図表 3 － 2　　y = x² のグラフ

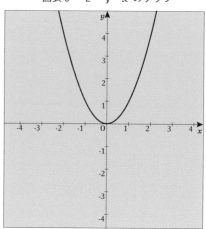

以上で数学の基本のキの復習はおしまいです。下の練習問題を済ませてから、証券アナリスト数学の基本のキ、金利の計算に入りましょう。

練習問題　3 － 3

（1）$y = f(x)$ とはどういう意味か。言葉で説明しなさい。

（2）車のスピード(S)はエンジンの回転(R)に比例するとしよう。SとRの関係を関数の型で表現しなさい。

（3）x 軸と y 軸から成る座標平面を考える。y がある一定の値（例えば 3 とか 5 ）をとるとしよう。y が x の関数と言う事ができますか。

（4）上記（3）と同様の前提で、x がある一定の値（例えば 3 とか 5 ）をとるとしよう。y が x の関数と言う事ができますか。

コラム　数学の本（2）

　小平邦彦『ボクは算数しか出来なかった』岩波現代文庫、186頁。

　数学のノーベル賞といわれるフィールズ賞を日本人で最初に受賞した大数学者の自伝。1986年の日経新聞「私の履歴書」に加筆したもの。「（中学生の頃あるテキストを）読むのは決して楽ではなかった。わからない証明をわかるまで何度も繰り返し、ノートに写したりして苦心惨憺した。そのときの経験によると、わからない証明も繰り返しノートに写して暗記してしまうと、自然にわかってくるようである。現在の数学の初等・中等教育ではまずわからせることが大切で、わからない証明を丸暗記させるなど、もっての外ということになっているが、果たしてそうか、疑問であると思う。」（20-21頁）。あの小平先生も暗記したんだ、ボクも暗記するぞ、と割り切った学習のインセンティブになる。第2次世界大戦直後からの米国での研究生活の記述も面白い。

　なお、数学は暗記か理解か、はしばしば論争になります。上の小平先生のコメントでは「自然に分かってくる」がキーワードでしょう。つまり、暗記と理解は表裏一体で、理解していないことを暗記するのは困難です。また、本当に理解したときには自然に暗記できているものです。本当に理解したかどうかの判定は難しいので、学習の方法論としては暗記を目指すのが合理的と言えるでしょう。

第II部

収益率の測定

第Ⅱ部の概要と学習の目標

　第Ⅱ部では証券分析の基礎である収益率の測定を学びます。収益の裏にはリスクがあります。

　そこではじめに、統計学を用いてリスクの考え方を確認します（第4章＜統計学基礎1＞リスクとリターン）。リスク指標としての分散と標準偏差をしっかりと理解しましょう。

　続いて、証券の価格は裁定取引で決まることを示します（第5章裁定取引）。

　「第6章＜数学基礎2＞色々な数列」では複数期間における収益率を計測するために必要な数列を学びます。

　「第7章収益率の基礎」では現在価値と将来価値、複利と単利、幾何平均と算術平均について整理し、リスクがリターンを蝕む(むしば)ことを理解します。金額加重平均と時間加重平均の違いもしっかりと把握しましょう。

　「第8章＜数学基礎3＞対数」では、連続時間複利の理解に必要な対数を学習します。対数は数学フォビア（嫌い）の方には苦痛かもしれませんが、慣れてしまえば決して難しいものではないので、頑張ってください。

　「第9章様々な複利収益率」ではIRR（内部収益率）を中心に様々な複利利回りを体系的に理解できるように解説しました。IRR、NPV、DDMの共通点と相違点を理解し、種々のDDM計算にも精通するのが目標です。

　債券利回りもIRRが基礎になるのですが、スポットレートやフォワードレートも重要な役割を果たしますので独立した章で学習します（第10章債券の利回り）。

　最後に、2項モデルによるオプション価格を勉強します（第11章オプション価格）。リスク中立確率やプット・コール・パリティもしっかり理解しましょう。

　第Ⅱ部をマスターすれば個別資産の収益率に関する数理的問題には全て対応できるはずです。

第4章 ＜統計学基礎 1 ＞ リスクとリターン

　金融資産を保有するときのリスクは何でしょうか。街頭でインタビューしたら、ほとんどの人は「値下がりする可能性」または「倒産などで元本が戻らない可能性」と答えると思います。この答えでは証券アナリスト試験には受かりません。正しい答えは「リターンが確定していないことがリスク」です。つまり、値上がりすることもリスクと捉えるわけですね。値下がりする場合や元本が戻らないときのような、ダウンサイドのみをリスクと捉える考え方もありますが、これはちょっとアドバンストな方法で基本はリターンが振れることをリスクと考えます。

　このリターンの振れの尺度として用いられるのが**標準偏差**です。標準偏差は聞いた事がない人も偏差値は知っていますよね。そう、中学や高校で試験のたびに50だとか60だとかで一喜一憂したあの偏差値です。偏差値は平均を50点、1標準偏差を10点としたものです。**図表4－1**は横軸に偏差値、縦軸にその偏差値をとった人の占率を示しています。図に見るとおり、偏差値が50点の人は全受験生の丁度中位になります。偏差値が40から60の間に全受験生の約2/3が位置します。偏差値が70の人は上から何パーセントにあたるのでしょうか。30から70のあいだに95.4％の受験生がいるので、30以下および70以上の人は4.6％（100－95.4）、従って70より上の人はその半分の2.3％になります。つまり偏差値70というのは1,000人中23番にあたる成績になります。偏差値80以上の人は1万人中14人しかいない天才です。

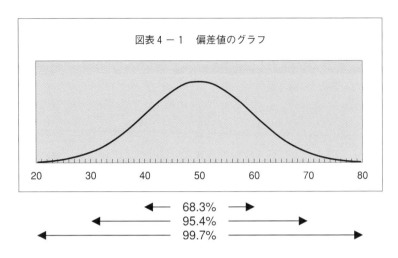

ある株式のリターンを長期にわたって調べたところ、年率の平均リターンが15％、標準偏差が20％だったとします。株式リターンが正規分布に従うとすれば、この株式に1年間投資した場合のリターンの振れは**図表4−2**を利用して考えることが出来ます。上に述べたとおり、偏差値は平均を50点、1標準偏差を10点としたものです。今考えている株式の場合、リターンの平均は15％、1標準偏差は20％なので図を見ると、±1標準偏差,すなわち−5％（15％−20％）から35％（15％＋20％）の間に実際のリターンのほぼ2/3が収まることになります。また、偏差値70は2標準偏差ですから、これに相当するリターンは55％（15％＋20％×2）になります。100年のうち2年程度このスーパー・パフォーマンスが期待できます。ただし、同様に100年のうち2年程度はマイナス25％（15％−20％×2）を越える悲惨なリターンが待っています。平均値の上下1標準偏差内に約2/3、上下2標準偏差内に約95％のデータが散らばるというのは記憶しておいてください。

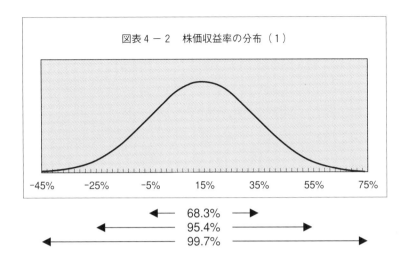

図表 4 － 2　株価収益率の分布（1）

　図表4－1と4－2は良く似ていますね。両方とも**正規分布**による近似だからです。正規分布とは**平均**（mean）と**最頻値**（mode；最も多く生ずる値）、**中位数**または**中央値**（median；試験で言えばちょうど真中の順位の人の得点）が一致し、左右対称な分布のことです。基礎的な証券分析の世界では正規分布を前提に分析を行います。

　正規分布は平均と標準偏差を与えれば決定されます。**図表4－1**は平均50点、標準偏差10点、**図表4－2**は平均15％、標準偏差20％ですが、グラフは平均を中央に、1標準偏差の間隔を等しく取っていますので実は二つのグラフは同じ形状をしています（注）。

　平均が同じ場合、標準偏差が小さければ山が高く、標準偏差が大きければ裾野が長い分布を描きます。**図表4－3**の平均は**図表4－2**と同じ15％ですが、標準偏差は10％と半分にしてあります。山が高く、裾野が狭いことが分かります。**図表4－2**と**4－3**とどちらが良い投資対象だと思いますか。平均リターンが同じでリスク（標準偏差）が半分の**図表4－3**のほうがはるかに良い投資対象です。長期的な投資を考えるとリスクが大きいとリターンが蝕まれてしまうのです。このことは、「第7章　収益率の基礎」で学習します。**図表4－2**

（注）厳密には試験の得点は下が0点、上が100点、収益率は下が－100％、上は青天井ですから分布の
　　　両端部分は異なります。また、試験の得点は1点きざみで分離しているのに対し、収益率は細かく
　　　計算すれば連続しているという相違もあります。ここでは、試験の得点も連続しているとみなして
　　　取り扱っています。

と4－3を見比べて、値動きの激しい**図表4－2**の方が売買で儲けられそう
だと考えた人はいませんか。悲観することはありません。あなたはポートフォ
リオ・マネジャーは無理でも、トレーダーとして大成するかもしれません。

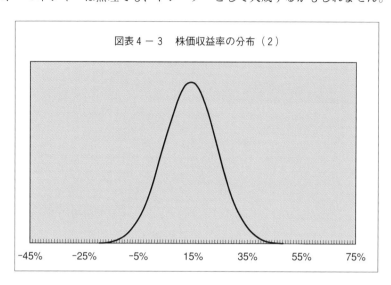

図表4－3　　株価収益率の分布（2）

　これで標準偏差のことはよく分かった、早く先へ行きましょう、という声が
聞こえてきそうですね。でも、ちょっと待ってください。標準偏差は実際に計
算できるようになる必要があります。そう、試験に出るからです。これに加えて、
実際に計算できるようにすることで理解が深まり、今後の統計学学習が容易に
なるという大きなメリットがあります。決して難しい計算ではないのでしばら
くお付き合いください。

例題：ある株式の過去5年間のリターンは下表のとおりであった。この株式の
　　平均リターンとその標準偏差を計算しなさい。

（単位：％）

年　　度	1	2	3	4	5
リターン	8.0	5.0	－10.0	15.0	2.0

解答：（1）まず、平均を計算します。(8 + 5 − 10 + 15 + 2) ÷ 5 = 4。
平均は4％でした。

（2） 標準偏差を計算する前に**分散**を計算します。分散は**標準偏差の母**のような概念で、

$$[(各データ － データの平均)を2乗したものの合計]÷データ数$$

で計算されます。具体的にやってみましょう。

$$(8-4)^2 \quad = \quad 16$$
$$(5-4)^2 \quad = \quad 1$$
$$(-10-4)^2 = 196$$
$$(15-4)^2 \quad = 121$$
$$(2-4)^2 \quad = \quad 4$$

合計 　　　　　338

分散 $= 338 ÷ 5$ 　　 $= 67.6$

　各データから平均を引いて2乗する。面倒くさい計算ですね。わざわざ2乗するのは、

$$[(各データ － データの平均)の合計]$$

はゼロになってしまうからです。平均の元データから平均を引いて合計するわけですからゼロになるのは当然ですが、念の為、上の数字で確認してみましょう。

$$8-4 \quad = \quad 4$$
$$5-4 \quad = \quad 1$$
$$-10-4 = -14$$
$$15-4 = \quad 11$$
$$2-4 \quad = \quad -2$$

合計 　　　　　0

ちゃんとゼロになりましたね。

（3） いよいよ**標準偏差**ですが、これは**分散の平方根**のことです。

$$標準偏差 ＝ \sqrt{分散} = \sqrt{67.6} \cong 8.22$$

　平均は4%、標準偏差は8.22%と計算されました。2乗値の平均として計算した分散の平方根を求めるのは、分散は平均値よりずっと大きな値になりがちなため、平均値とおなじ尺度でバラツキを見るためです。

　上記の計算を数式で示すと次のとおりになります。

$$平均 = \overline{x} = \frac{1}{n}\sum_{i=1}^{n} x_i$$

$$分散 = \sigma^2 = \frac{1}{n}\sum_{i=1}^{n}(x_i - \overline{x})^2$$

$$標準偏差 = \sigma = \sqrt{\sigma^2}$$

　ここで、平均を示す$\overline{x}$は、バー・エックス（またはエックス・バー）、標準偏差はシグマ、分散はシグマ2乗と読みます。平均をμ（ミュー）、標準偏差をSと表記することもあります。これらの使い分けについては「第16章＜統計学基礎3＞統計学とポートフォリオ管理」で説明します。分散は$Var(X)$と表記することもあります。英語の分散（Variance）の略記ですね。

　上記の式では一般化するためにデータ個数をnとしていますが、上の例題ではこのnは5になります（注1、2）。

練習問題　4－1

　ある債券ポートフォリオの過去3年間のリターンは下表のとおりであった。このポートフォリオの①平均リターン、②そのリターンの分散、③同じく標準偏差を求めなさい。

（単位：％）

年　度	1	2	3
リターン	5.0	－ 3.0	4.0

（注1）ここでは分散を計算するときにデータ個数で割っています。データが母集団全てを含む場合はこの方法を用いますが、母集団のサンプルから母集団全体の分散を推計する場合には$(n-1)$で割ることになります。この点も、「第16章＜統計学基礎3＞」で説明します。

（注2）分散 $= \frac{1}{n}\sum_{i=1}^{n} x_i^2 - \overline{x}^2$ として計算することもできます。この式の右辺第1項はデータを2乗したものを合計し、データ数で割っているので「2乗の平均」、第2項は「平均の2乗」なので、分散を「2乗の平均－平均の2乗」と覚えることが出来ます。この式は下に示すとおり分散の定義式の変形によって求められます。

$$分散 = \sigma^2 = \frac{1}{n}\sum_{i=1}^{n}(x_i - \overline{x})^2 \qquad 以下\sum の上下の記号省略$$

$$= \frac{1}{n}\sum(x_i^2 - 2x_i\overline{x} + \overline{x}^2)$$

$$= \frac{1}{n}(\sum x_i^2 - 2\overline{x}\sum x_i + \overline{x}^2\sum 1)$$

$$= \frac{1}{n}(\sum x_i^2 - 2\overline{x}n\overline{x} + n\overline{x}^2)$$

$$= \frac{1}{n}(\sum x_i^2 - n\overline{x}^2) = \frac{1}{n}\sum x_i^2 - \overline{x}^2$$

第5章　裁定取引

本章では裁定取引について学びます。裁定取引は証券価格の基礎となるメカニズムです。ゆっくり勉強すれば難しい仕組みではありません。しかし、ここをちゃんと理解しておかないとその先の本当の理解はありえません。きっちりと勉強してください。

（1）裁定取引とは何か

裁定取引（arbitrage）というのは、「割高なものを売って、同時に割安なものを買い、将来、最初に売ったものを買い戻すと共に買ったものを売る反対売買を行うことにより、無リスクまたは小さなリスクで利益を得ようという取引」です。言葉で定義しようとすると何のことだか分かりづらいので、具体例をあげましょう。トヨタ自動車の株が割安で、ホンダの株は割高だと考えたとしましょう。このとき、トヨタの株を買い、同額のホンダ株を空売りします。売り買い同額なので株式市場全体の動きには左右されにくく、こうした投資手法はマーケット・ニュートラルと呼ばれヘッジファンドの一種となっています。思惑どおりトヨタ株がホンダ株より**相対的**に値上がりすれば、トヨタ株を売ってホンダ株を買い戻し利益を確定させます。ただし、予想に反し、トヨタ株がホンダ株より**相対的**に値下がりしてしまったら、股裂きのように損が膨らみますのでこの種の裁定取引というのは無リスクではありません。マーケット・ニュートラル型の取引は広義の裁定取引の一種ですが、これから検討するのは、狭義の、無リスクの裁定取引です。最初に金の取引を例に考えましょう。なお、**無リスク利子率**（risk free rate）（注）で資金の借入れおよび運用が可能であるとし、取引費用や証拠金は無視します。

（2）金の裁定取引

例題1：現物の金が1グラム1,500円で取引されているとします。1年先物の金

（注）無リスク資産（短期割引国債を指すことが多い）の利回り。

価格はいくらになりますか。ただし、あなたは金を買うためには借金をする必要があり、そのための1年金利は2％とします。

解答：借金をして、金をいま買うと年2％の金利を支払う必要がある。金利を考えると1年後の金1グラムのコストは1,530円（金(1,500円)＋金利(30円)）である。従って、1年先物の金価格（理論価格）は1,530円になる。

　しっくり来ましたか。こうした問題を初めて考える人は狐につままれたように感じるでしょう。次の例題をじっくり考えてください。

例題2：現物の金は1グラム1,500円。1年先物の金は同じく1,560円。1年金利は2％である。裁定取引で利益を得たい。どうしたらよいか。

解答：例題1から1年先物の理論価格は1,530円である。問題では1年先物は1,560円で理論価格より割高。従って、1年先物の金を1グラム売建てる。同時に金利2％で1,500円借入れし、現物の金を1グラム買う。1年後に金1グラムを引き渡して売建てポジションを解消、現金1,560円を受け取る。借入金1,500円と同利息30円を返却し、ネットで30円の利益。

取 引 の 概 要

	現　　在	1　年　後
先　　　物	1,560円で売建て	現物で決済（＋1,560円）
借　入　金	金利2％で借入れ（＋1,500円）	元利返済（－1,530円）
現物の金	1グラム買い（－1,500円）	現物決済に充当
利　　益	———	（＋30円）

（注）カッコ内は現金のフローを示す。

　この問題はしっくりと理解できましたか。いまだに首をひねっている人も次の問題をやればかなりクリアになるでしょう。

例題3：現物の金は1グラム1,500円。1年先物の金は同じく1,500円。1年金利は2％である。裁定取引で利益を得たい。どうしたらよいか。なお、あなたは長期投資目的で金1グラムを所有している。

解答：1年先物の金価格は理論価格（注）よりも割安なので、先物の金を1グラム買建てる。現物の金1グラムを売却し、代金1,500円を2％で運用する。1年後に、元利合計1,530円を受け取り、うち1,500円を支払って買建てた金を現引きする。ネットで30円の儲け。

取 引 の 概 要

	現　　在	1 年 後
先　　　物	1,500円で買建て	現引き（−1,500円）
運　　　用	金利2％で預金（−1,500円）	元利受取（＋1,530円）
現物の金	1グラム売り（＋1,500円）	現引きにより1グラム取得
利　　　益	――――	（＋30円）

（注）カッコ内は現金のフローを示す。「現引き」は現物を引き取る決済方法。金は一度手放すが、1年後には買い戻すので「長期保有目的」を損なわずに利益があげられる。

　上の2つのケースともに、1年後の金価格がどうなろうとも、収益は現時点で確定しています。裁定取引っていいものですね。無リスクでお金が儲かるのですから。ただし、世の中には鵜の目鷹の目で裁定取引で儲けようとしている人が沢山いるので、実際の価格は取引費用を勘案した上での裁定価格近辺に収斂することになり、素人さんが簡単に儲けられる裁定取引機会はまずありません。裁定取引ができない水準で価格が決まることを**無裁定条件**と呼びます。このように、裁定取引はあらゆる金融商品価格の背後にある基本で、そのメカニズムには習熟しておく必要があります。以下、債券と為替を例に少し複雑な裁定取引を勉強しましょう。

（注）本書では便宜的に現物価格から裁定によって先物価格が決まると説明していますが、投資理論では人々の将来に対する期待にもとづいて先物価格が決まり、そこから裁定によって現物価格が定まると考えます。

コラム　裁定取引が苦手な３つの理由

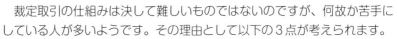

　裁定取引の仕組みは決して難しいものではないのですが、何故か苦手にしている人が多いようです。その理由として以下の３点が考えられます。

① 売りはイヤ

　裁定取引には空売りがつきものですが、これに抵抗感がある人が多い。持ってもいないものを売ってもいいのか、と思ってしまうのですね。確かに日常生活ではお金を出して買う（longする）ことがほとんどですが、大事なものを空売り（short）していることをご存知ですか。大事なものとは労働です。給与・賞与は後払いですから、労働をshortしていると言っても良いでしょう。最近、特に賞与は会社の業績や本人の仕事の査定で激しく上下するので、決済日まで損益が確定しない投機的なshort position と似ているような気がしませんか。空売り恐るべからず、裁定取引恐るべからず。

② 先物と先渡しの区別がつかない

　先物（futures）と先渡し（forwards）という似たような取引があることが、初心者にとっては壁になります。「先渡し」とは取引当事者間で全ての条件を決める取引で、融通性に富むというメリットがある反面、取引相手を見つけるのが難しく、取引相手の信用リスクが生ずるというデメリットがあります。「先物」は決済時期や取引ロット等の取引条件を定型化した商品が取引所に上場されているもので、融通性には欠けるものの、流動性に富み、取引相手の信用リスクを気にする必要もありません。また、簡単に反対売買でポジションを解消でき、期日には差金決済も可能です。ただし、証拠金（margin）の受渡が必要になります。

　先物でも先渡しでも価格決定の基本的メカニズムは同じです。ただし、証拠金の存在によって先物と先渡しの理論価格が若干相違する場合もあります。本書ではこの点は無視し、また先物と先渡しを特に区別せず、より一般的に用いられている先物という用語に統一しています。

③ デリバティブがイヤ

　教科書では裁定取引をデリバティブ（派生的有価証券）の項で取り上げることが多く、ここから、**デリバティブ＝数学＝出来ない＝裁定取引**、という等式を勝手に信じてしまう人がいるようです。裁定取引はデリバティブを用いますが、必要な計算は小学生でも出来る算数です。**裁定取引＝算数＝得点源**、という等式におきかえましょう。

（3）債券の先物取引

　債券は金と違って金利を生むので、裁定取引の計算も少し複雑になります。最初に、次の例題で先物の理論値を求めましょう。なお、債券は額面100円単位で取引可能とします。

例題 4：長期債（クーポン 6 ％、年 1 回利払い、次の利払いは 1 年後）の現在の価格は100円。 1 年金利は 2 ％。この債券の 1 年先物価格はいくらか。

解答：金のときと同じように考えると、借金をして、債券をいま買うと年2％の金利を支払う必要がある。ところで、金と違って債券を持っていると 1 年後には 6 ％のクーポンをもらうことができる。従って、 1 年後の債券のコストは96円（債券(100円)＋金利(2 円)－クーポン収入(6 円)）である。ここから、 1 年先物の債券価格は96円になる。

　別の考え方として、この債券を持っている人が 1 年後の価格下落を恐れて債券先物を売ってヘッジしたとする。このポジションは無リスクなので、収益は短期金利と同じになるはずである。債券からは 6 円の収益があがるので、先物で 4 円損するとネットで 2 円の収益、100円（債券の時価）を 2 ％で運用したのと同じになる。従って、先物価格は96円になる。

　やっぱり、債券から金利収入があるために金にくらべると複雑ですね。ところで、金の場合には、現物価格＜先物価格、だったのに、債券では、現物価格＞先物価格、になっているのに気がつきましたか。金利や配当を生む商品の先物価格は、

　　　　先物価格＝現物価格＋現物価格×（借入れ金利－現物利回り）

で決まります。上の例ではカッコ内がマイナス（借入れ金利 2 ％－現物利回り 6 ％）なので、先物価格は現物価格より安くなります。債券の場合でも、借入れ金利＞現物利回り、の時には先物価格が現物価格より高くなります。借入れ金利と現物利回り、先物価格の関係をしっかり頭に入れたうえで、債券の裁定取引の例題に 2 題続けて取り組みましょう。

例題 5：例題 4 と同じ状況で、債券先物価格が100円となった。どのような裁

定取引を行うか。

解答：理論価格（96円）と比べて、先物価格（100円）が割高なので先物を売建てる。同時に100円借りて現物の債券を買う。1年間で4円、無リスクで儲かる。

取 引 の 概 要

	現　　在	1 年後
先　　　物	100円で売建て	現物で決済（＋100円）
借　入　金	金利2％で借入れ（＋100円）	元利返済（－102円）
現物の債券	100円で買い（－100円）	現物決済に充当
クーポン収入	———	6円受取（＋6円）
利　　　益	———	（＋4円）

例題6：例題4と同じ状況で、債券先物価格が92円となった。どのような裁定取引を行うか。なお、あなたは長期保有目的で債券を100円分保有しているとする。

解答：先物が割安なので買建てる。同時に現物を売り、代金は1年金利で運用する。債券のクーポン収入を得られないことを考慮に入れても、債券保有を継続した場合と比べて、ネットで4円の収益向上が可能となる。

取 引 の 概 要

	現　　在	1 年後
先　　　物	92円で買建て	現引き（－92円）
運　　　用	金利2％で預金（－100円）	元利受取（＋102円）
現物の債券	100円で売り（＋100円）	現引きにより取得
機会コスト	———	クーポン収入無し［－6円］
利　　　益	———	［＋4円］

（注）（　）内は現金のフロー、［　］内は非現金も含む損益を示す。

　　上の表には**機会コスト**（opportunity cost）という新たな概念が入っています。機会コストとはある選択（この場合だと裁定取引）を行うことによって失われ

る収益（この場合だとクーポン収入）を意味します。

　クリアに理解できましたか。この先の話はさらに複雑になりますので、もし首をひねる点があったら、金の取引に戻ってもう一度読み返してください。

　さて、例題3と6（先物が割安なケース）では、長期保有目的の現物資産をすでに保有していることが前提になっていました。持たざるものは裁定取引に参加できないのでしょうか。実は、**金または債券を借りる**ことができれば参加できます。例題6の場合ですと債券を借りて、これをすぐに売却してしまう。売却代金は預金で運用し、1年後に現引きした債券を借主に返却すればよいわけです（この取引形態を**空売り**と呼びます）。借りたものをすぐに売却するのは常識に反する行為ですが、これは1年後に現引きする債券の処分先を確定するために意図的に債券を借りるわけです。債券を借りるには品借料が必要ですが、これが演習問題6の機会コストと同じ6円であれば、同じように4円儲かることになります。この取引の概要を示すと次のとおりになります。

取 引 の 概 要

	現　　　在	1 年後
先　　　物	92円で買建て	現引き（－92円）
運　　　用	金利2％で預金（－100円）	元利受取（＋102円）
現物の債券	借入れ、同時に100円で売り（＋100円）	現引きにより取得 同時に返済に充当
品　借　料	────	支払（－6円）
利　　　益	────	（＋4円）

（4）為替の先物取引

　最後に最も複雑な為替の先物取引について学習しましょう。円とドルを例に取りますが、それぞれに金利がつき、またそれぞれの通貨で借入れや預金が可能なために複雑になります。また、金や債券の場合は買建て・売建てがはっきりしていますが、通貨の場合はドルの買建ては円の売建てであり、ドルの売建ては円の買建てであるので頭が混乱します。ただし、基本原理は金の先物と同じですから安心してください。

例題7：1ドル100円、1年物の円金利は2％、ドル金利は6％とする。この時、1年先物のドルはいくらになるか。

解答：100円で現物のドルを買って、同時に1年先物のドル売り（円買い）を行う。買ったドルは1年間運用、1年後に円転する。この取引は無リスクなので、収益は円の運用と同じになるはずである。ドルで1年間運用した1.06ドルと円で1年間運用した102円が等価値なので、先物レートは102÷1.06＝96.23円。

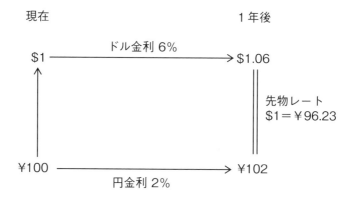

　円金利が2％、ドル金利が6％なので差は4％、1年先物の円は96円と考えませんでしたか。債券先物の場合は債券クーポンは6円、1年金利は2円と同じ通貨だったために引き算で答えが出ましたが、為替の場合は0.06ドルと2円と通貨が違うため割り算が必要になるのです。為替の先物と現物レートを式で表わすと、

$$先物レート＝現物レート×（1＋円金利）÷（1＋ドル金利）$$
$$＝100×1.02÷1.06≅96.23円$$

となります。続いて、為替の裁定取引を勉強しましょう。

例題8：例題7と同じ状況で1年先物のドル・レートは100円であった。この時、どのような裁定取引が可能か。

解答：先物レートは理論値の96.23円に比べてドル高円安である。従って、先物のドルを1ドル売建てる。1年後に売るためのドルをいま買う。1年間6％で運用するので、0.9434ドル買えばよい（0.9434×1.06≅1.00）。このために必要な円、94.34円は金利2％で借入れる。1年後に1ドルを100円で売り、円の元利合計96.23円（94.34×1.02）を返済、ネットで3.77円の儲け。

取 引 の 概 要

	現　　　在	1 年 後
円　現　物	②借入れ（94.34円）	返済（－96.23円）
ド ル 現 物	③ドル買い・預金（－94.34円） （±0.9434ドル）	預金満期（＋1ドル）
先　　　物	①1ドル100円でドル売り（円買い）予約	予約実行（－1ドル、＋100円）
利　　　益	────	（＋3.77円）

(注)　(　)内はドル・円のフローを示す。現在欄の①～③は理解を容易にするために、あえて取引の順番を付したもの。なお、先物欄に「ドル売り予約」「予約実行」とありますが、これは外為市場の慣用語で「ドル売建て」「決済」と同じ意味です。

例題 9：例題 7 と同じ状況で、1 年先物のドルは92円であった。この時、どのような裁定取引を行うか。なお、あなたは手元にドルを保有していない。

解答：先物レートは理論値と比べて円高ドル安である。従って、先物のドルを1 ドル買建てる。現物のドルを借りる。1 年後に買うドルで返済するので1 ドルを 6 ％で割り引いた0.9434ドル（1/1.06）を借入れる。借りたドルを売って円を94.34円買い、2 ％で運用する。1 年後に92円で 1 ドル買い、このドルは借入金の返済に充てる。ネットで4.23円の儲け。

取 引 の 概 要

	現　　　在	1 年 後
円　現　物	③円買い・預金（－0.9434ドル） （±94.34円）	預金満期（＋96.23円）
ド ル 現 物	②借入れ（＋0.9434ドル）	返済（－1ドル）
先　　　物	①1ドル92円でドル買い（円売り）予約	予約実行（＋1ドル、－92円）
利　　　益	────	（＋4.23円）

　この問題は難しいと感じませんでしたか。取引のメカニズムは例題 8 と同じなのですが、例題 8 では円を借りてドルを買うのに対して、この問題ではドルを借りて、そのドルをすぐに売って円を買うところに、つまり外貨を借りて自国通貨を買うところに違和感を感じた人が多いと思います。全く違和感を感じなかったら、あなたはアーブ（arbitrager：裁定取引屋）としての才能があり

ます。違和感どころか目まいを感じた人も多いでしょう。それが普通の感性です。目まいは練習問題で克服してください。

練習問題　5－1

（1）銀の現物価格は1gあたり30円である。1年金利が1％だとすると、1年先物の銀の理論価格はいくらになりますか。

（2）1ユーロの現物価格は150円である。期間1年の円金利を1％、ユーロ金利を3％とすると、1年先物のユーロの理論価格はいくらになりますか。

（3）上と同じ状況で、1年先物のユーロの市場価格は149円であった。どのような裁定取引を行いますか。また、利益はいくら得られますか。

練習問題　5－2　　　　　　　　　　　　　　　　　過去問！

問1　直物為替レートが100.00円／米ドル、期間0.25年の円金利が1.00％（年率）、期間0.25年の米ドル金利が3.00％（年率）とすると、期間0.25年の円／米ドル先渡為替レートの理論値はいくらですか。

A　98.06円／米ドル　　　B　99.26円／米ドル　　　C　99.50円／米ドル

D　100.00円／米ドル　　　E　100.50円／米ドル

（平成22年1次秋試験第5問Ⅰ問2）

問2　日経平均株価は9,426円、同指数先物（残存日数138日）は9,400円である。日経平均株価バスケットの配当利回りは年率0.42％であるが、日経平均株価および同先物が意味するリスクフリー・レートは年率いくらですか。1年＝360日として計算すること。

A　－0.73％　　　B　－0.30％　　　C　0.28％

D　0.31％　　　E　0.73％

問3　今日のリスクフリー・レートは0.12％である。上記の先物の理論価格はいくらですか。

A　9,398円　　　B　9,415円　　　C　9,430円

D　9,437円　　　E　9,498円

（平成23年1次春試験第5問Ⅱ問3、5）

第6章　＜数学基礎 2＞　色々な数列

　証券分析では、ある証券から生じる将来のお金の流れをベースに、その証券の妥当な価格を推定するという作業をしばしば行います。単純化したモデルではこのお金の流れに規則性（例えば一定の率で増加する）を想定します。ここから、本章では規則性をもったお金＝数の流れである数列について勉強します。

（1）等差数列

　はじめにクイズです。1から100までを $1+2+3+\cdots+100$ とすべて合計するといくつになりますか。シグマを使って表現すると、

$$\sum_{n=1}^{100} n = 1+2+3+\cdots+100$$

を求めることになります。強引に足し算をする、というのではクイズになりませんね。足し算は順番を変えても答えは変わりません（$a+b=b+a$）。上の式の順番を逆にすると、

$$\sum_{n=100}^{1} n = 100+99+98+\cdots+1$$

になります。ここで、2つの式を足し算して整理すると、

$$2\sum_{n=1}^{100} n = (1+100)+(2+99)+(3+98)+\cdots+(100+1) = 100\times101$$

$$\sum_{n=1}^{100} n = \frac{100}{2}\times101 = 5{,}050$$

になります。

　天才数学者ガウス（1777〜1855）は10歳の時に学校の宿題として出たこの問題を数秒で解いて先生を慌てさせたそうです。ガウスは3歳の時に石屋の棟梁だったお父さんの計算間違いを指摘したといいますから、10歳の時には等差数列の和の公式もすでに自分で発見していたのでしょう。私達がこれから学ぶ幾何平均と算術平均の違いや最小2乗法もガウスは10代で発見しました。

　さて、 1 , 2 , 3 ,・・・は 1 からスタートし 1 ずつ増加します。このような数列を等差数列と呼び、最初の 1 を**初項**、最後の100を**末項**、増分の 1 を**公差**と呼びます。初項をa、末項をl、公差をd、項数をnとすると、等差数列の和は上の例に見るとおり、

$$S_n = \frac{n}{2}(a+l)$$

となります。末項をa_nとすると、$a_n = a + (n-1)d$ ですので、

$$S_n = \frac{n}{2}\left\{a+\left[a+(n-1)d\right]\right\} = \frac{n}{2}\left[2a+(n-1)d\right]$$

となり、これが等差数列の和の一般公式になります。なお、数列の和を級数と呼ぶことがあり、上の式は等差級数の公式とも呼ばれます。

（ 2 ） 等比数列

　またまたクイズです。100円を毎年10%で複利運用する時の毎年末の時価はいくらか。これは、100, 100×1.1, 100×1.1^2, 100×1.1^3…という数列を求めていることになります。同じ率で変化していくので、こうした数列を等比数列と呼びます。証券分析や経済学では等比数列は数列の王様です。

　クイズの数列に戻ると、100を**初項**、1.1を**公比**と呼びます。さて、今度は初項をa、公比をr、項数をnとして等比数列の和を求めましょう。

$$\sum_{k=1}^{n} ar^{k-1} = a + ar + ar^2 + \cdots + ar^{n-1}$$

が求める式です。ガウスにならって足し算の順番を変えてもここではうまくいきません。代わりに両辺にrを掛けると、

$$r\sum_{k=1}^{n} ar^{k-1} = ar + ar^2 + \cdots + ar^{n-1} + ar^n$$

となります。ここで、 1 番目の式から 2 番目の式を引いて整理すると、

$$\sum_{k=1}^{n} ar^{k-1} - r\sum_{k=1}^{n} ar^{k-1} = a - ar^n$$

$$(1-r)\sum_{k=1}^{n} ar^{k-1} = a(1-r^n)$$

$$\sum_{k=1}^{n} ar^{k-1} = a\frac{(1-r^n)}{(1-r)} \qquad\qquad (1)$$

となり、これが有限等比数列の和の公式、または有限等比級数の公式と呼ばれます。100円、10％、10年間を公式にあてはめると、

$$100 \times \frac{(1-1.1^{10})}{(1-1.1)} \cong 1,594$$

になります。

　等比数列が無限に続く場合にその和はどうなるでしょうか。(1)式の右辺分子内のr^nが、n を無限に大きくしたときにどのような値をとるかによって結果が大きく異なります。場合分けして考えましょう。

①$r > 1$の場合

　r が 1 より大きいときに、n（正の整数）をだんだんに大きくすると、r^nはいくらでも大きな正の数になります。これを、

$$\lim_{n\to\infty} r^n = +\infty \qquad\qquad r > 1$$

と表記します。limは**リミット**と読んで**極限**を示します。r^nがいくらでも大きな正の数になることを、**発散する**、ともいいます。

②$r = 1$の時

　$r = 1$の時には 1 どうしを何回掛け合わせても 1 ですから、

$$\lim_{n\to\infty} r^n = 1 \qquad\qquad r = 1$$

となります。

③$r = -1$，$r < -1$の時

　$r = -1$の時には、n が偶数の時は + 1 、奇数の時は - 1 になります。この時、r^nは**振動する**、または**極限は無い**、といいます。$r < -1$の時には、n が偶数の時には +∞、奇数の時には -∞になり、やはり振動して極限はありません。

④$-1 < r < 1$ または $|r| < 1$ の時　（| |は絶対値を示す記号）

　残されたケースはrが-1から1の間にある場合です。絶対値が1未満の数をいくらでも大きな正の整数で累乗するのですから、結果は限りなく0に近い数になります。これを、

$$\lim_{n \to \infty} r^n = 0 \qquad\qquad |r| < 1$$

と書きます。

　②や④のように、極限がある特定の値（ここでは1と0）を取ることを**収束**、と呼びます。収束の反対語はすでに見たように発散と振動です。

　ここでもう一度、

$$\sum_{k=1}^{n} ar^{k-1} = a\frac{(1-r^n)}{(1-r)} \qquad\qquad （2）$$

を思い出しましょう。公比（r）の絶対値が1未満の時、この式を無限に延長したとき、

$$\sum_{k=1}^{\infty} ar^{k-1} = a\frac{1}{(1-r)} \qquad |r| < 1 \qquad\qquad （3）$$

という美しい公式が成立します。(3)式の右辺は(2)式右辺分子にあるr^nをゼロとしたのと同じかたちです。$|r| < 1$の時、$\lim_{n \to \infty} r^n = 0$は、$n$が十分大なる時は$r^n$は$0$とみなして良い、といっているわけですね。極限の概念とその応用は微積分にも登場するとても重要なものです。十分慣れるようにしてください。

　公比が1未満の数列というのは特殊な場合のように感じられるかもしれませんが、次の例題に見るように証券分析の世界では頻繁に登場します。例題に進む前に上の公式を良く見直してください。

例題1：これから、未来永劫にわたって毎年末に100円を支払う債務を負ったとしましょう。このためには、手元にいくら用意する必要がありますか。ただし、第1回目の支払いは今日、手元の資金は毎年10％で運用することができるとします。

解答：第1回目の支払のために、今日100円必要。

第2回目の支払は1年後。10％で運用できるので、第2回目の支払いのために今日必要な資金は、

$$100 \times \frac{1}{(1+0.1)} \fallingdotseq 90.91 円$$ です。つまり、今日の90.91円は1年間運用すると100円になる。

同様に第3回目（2年後）の支払のための資金は、

$$100 \times (\frac{1}{1+0.1})^2 \fallingdotseq 82.64 円$$

これを繰り返していくと将来支払うために必要なすべての資金は、初項100、公比 $\dfrac{1}{1+0.1}$ の無限等比数列の和を求めていることになる。

公比が1未満なので、　$$100 \times \frac{1}{1-\dfrac{1}{1+0.1}} = 1,100 円。$$

意外に少ないと思いませんか。念のために検算すると、1,100円から今日100円払うので残りは1,000円。これを1年間10％で運用すると運用益が100円、これを払って残りの1,000円をまた10％で運用する、というわけで手元資金が1,000円を割り込むことなく、未来永劫毎年100円支払うことができます。この問題は、証券分析用語を用いて表現すれば、毎年100円払う**債務**の**割引率**10％における**割引現価**を求めていることになります。割引率や割引現価については次章で詳しく検討します。

練習問題　**6 － 1**

（1）*A* 株の1年後の配当金は100円。その後、毎年20円ずつ増加すると見込まれる。今後10年間 *A* 株を保有した場合の受取配当金総額はいくらになるか。

（2）*B* 株の1年後の配当金は100円。その後、毎年20％ずつ増加すると見込まれる。今後10年間 *B* 株を保有した場合の受取配当金総額はいくらになるか。

第7章　収益率の基礎

　投資を考える場合には、実績としてどのくらいの収益が上がったか、また今後どのくらいの収益が見込めるかはとても重要です。自分のお金を投資するのなら、「ちょっと儲かった」または「ほぼトントンだった」というようなアバウトな把握でも何の問題もありませんが、私たちは人様のお金を預かって運用する業務に従事しようとしているのですから、収益の把握は厳格に行わなくてはなりません。ここから、投資実務において実に様々な収益率概念が使われています。本章では収益率の定義、現在価値と将来価値、単利と複利、算術平均と幾何平均、金額加重平均と時間加重平均といった収益率の基礎概念を学びます。次章の＜数学基礎 3 ＞対数、で連続時間複利を学習し、第 9 章ではこれを踏まえてIRR、NPV、DDMを含む様々な複利概念を学びます。債券の利回りと価格の関係には、スポット・レートやフォワード・レートという概念の理解が必要で少し複雑なので第10章で独立して取り上げます。なにやら恐ろしげな略語や概念の羅列で、はじまる前からうんざりしませんか。恐れるにはたりません。投資対象の違いによって同じ利回り計算方法に違った名前がついている場合もあり、複利計算をしっかり出来ればどの収益測定法も難しいものではありません。それでは、現在価値と将来価値の関係からはじめましょう。

（1）現在価値と将来価値

　100円を銀行預金すると 2 円利息がつくとしましょう（古き良き時代の話ですね）。 1 年後には102円になるのでこれを**将来価値**（future value）といいます。手もとの100円はこれに対して**現在価値**（present value）または**現価**と呼びます。現在価値と将来価値の間には次の関係があります。

　　　　将来価値＝現在価値×（ 1 ＋金利）

　　　　現在価値＝将来価値× 1 ／（ 1 ＋金利）

実際に先の数値例を入れて確かめてみましょう。

　　　　　$102 = 100 \times (1 + 0.02)$

　　　　　$100 = 102 \times 1 / (1 + 0.02)$

このように、現在価値と将来価値は金利を媒介にして等価となります。現在の100円と 1 年後の102円で絶対値では異なるものが等価だというのは、現在の100円は将来の100円より価値が高い、または将来の102円は現在の102円より価値が低いということにほかなりません。これを**お金の時間価値**（time value of money）と呼びます。

さて、これまでの説明では金利という言葉を用いてきました。現在価値から将来価値を求めるときには金利または利子率という呼び方をしますが、将来価値から現在価値を求めるときには**割引率**（discount rate）と呼びます。お金の時間価値の観点から将来価値を現在価値に割り戻していることを明確にするために割引率という別の呼び方をするわけです。また、 1 ／（ 1 ＋割引率）のことを**割引係数**（discount factor）と呼びます。

（ 2 ）単利と複利

100円を年間金利 2 ％で 3 年間運用したとします。 3 年後にはいくらになりますか。

金利計算の方法によって答えが変わります。

単利で運用した場合には、$100 + 100 \times 2\% \times 3$ 年 $= 106$ で106円になります。

複利で運用すると、$100 \times 1.02^3 = 106.1208$ となり、単利の場合より12.08銭多くなります。

この例では金利が 2 ％と低く、期間も 3 年間と短期なので単利も複利もあまり大きな違いはありませんが、年7.2％で複利運用すると10年間で元利合計は約 2 倍になります。単利では1.72倍なのでかなりの違いが生じます。ちなみに、年10％で7.2年間複利運用するとやはり元利合計は 2 倍になります。先に学んだ現在価値と将来価値の関係を用いれば、7.2年後の100円はほぼ現在の50円に等しいわけです。複利の威力ですね。7.2％、10年で 2 倍、10％、7.2年で 2 倍という関係は覚えておくと便利です。この関係は一般的に成立し、72を金利で割ると元利合計が 2 倍になる年数の近似値が得られます。例えば 5 ％の場合なら、$72 \div 5 = 14.4$ で約14.4年です。

これまでの話は、時間の長さが複利に及ぼす効果に焦点をあてていましたが、年間の複利頻度も元利合計に影響します。100円を年間表示金利12％で、年 1 回、 2 回、 4 回、12回の複利運用する場合について考えましょう。

$100 \times 1.12 = 112.00$

$100 \times 1.06^2 = 112.36$

$100 \times 1.03^4 = 112.55$

$100 \times 1.01^{12} = 112.68$

　＊　この計算の一般式は次のとおりです。

$$P_0 \times \left(1 + \frac{r}{n}\right)^n = P_1$$

ただし、P_0　　　当初元本

P_1　　　1年後元利合計

r　　　　年間表示金利

n　　　　複利回数

$P_1 \div P_0 - 1$　　　実効金利

　＊　表示金利＝実効金利になるのは単利の場合だけです。

　このように、複利の頻度が増えるに従って元利合計も増えることになります。それでは、複利の回数を無限にしたら、元利合計も無限に増えるでしょうか。これは連続時間複利という問題で実は元利合計は無限には増えず一定額に収束します。この詳細は次章の＜数学基礎3＞対数、で学習します。

（3）収益率とは何か

　これまでは金利について考えてきましたが、ここで投資対象の時価変動も考慮に入れることにしましょう。金利や配当のような収入に時価の変動も加えたトータルリターンを意味するのが**収益率**（rate of return）です。

　Ｘ1年末にある株式の時価が1株100円だったとしましょう。1年後のＸ2年末に3円の配当を受け取り、またこのときの株価は110円でした。この株式を保有していたときの収益率は何％でしょうか。

$$\frac{(110 - 100) + 3}{100} \times 100 = 13\%$$

となり、13％が正解です。このとき、株式は実際には売却していないことに

注意してください。また、収益率測定開始時の時価がベースになっており、この株式の保有者の購入価格や簿価と無関係なことにも注意してください。このように、収益率は①一定期間について、②時価をベースに、③評価損益も含めて計算する、のが原則です。「一定期間」は１年が最も多く用いられますが、４半期毎または毎月計算することもあります。複数年にわたる収益率は年率に換算して表示するのが普通です。

（4）算術平均と幾何平均

図表７－１はＸ0年末に10,000円であった株式の４年間の株価と収益率の推移を示しています。この株は無配です。

図表７－１　株価と収益率

	Ｘ0年	Ｘ1年	Ｘ2年	Ｘ3年	Ｘ4年
株価（円）	10,000	12,000	10,800	11,880	9,504
収益率(%)	ＮＡ	＋20	－10	＋10	－20

この株式を４年間保有した場合の平均収益率を求めましょう。まず、上の表から収益率を平均します。

$$(20 - 10 + 10 - 20) \div 4 = 0$$

なので、平均収益率は０％となりました。この計算方法を**算術平均**と呼びます。

上の表を良く見るとＸ0年に10,000円だった株価はＸ4年には9,504円に値下がりしています。この株には配当もないのに収益率が０％というのは、おかしいと思いませんか。そこで、**幾何平均**の出番です。

幾何平均収益率は毎年の収益率を掛け合わせ、複利ベースで年率を計算することで求めます。一般化した公式は次のとおりです。

$$1 + r = \sqrt[n]{(1 + r_1)(1 + r_2) \cdots (1 + r_n)}$$

今、考えているケースの数値をあてはめると、

$$1 + r = \sqrt[4]{(1 + 0.2)(1 - 0.1)(1 + 0.1)(1 - 0.2)}$$
$$= \sqrt[4]{1.2 \times 0.9 \times 1.1 \times 0.8}$$
$$= \sqrt[4]{0.9504} \cong 0.98736 \qquad r = -1.264\%$$

となり、この結果は直感的にも理解できます。念のために検算すると、

$$10,000 \times (1 - 0.01264)^4 \cong 9,504$$

となります。これは1万円をマイナス1.264％で4年間複利運用した結果です。

（5）リスクはリターンを 蝕 む

　さて、算術平均と幾何平均で何故このような差が生じるのでしょうか。この差の背景には「リスクはリターンを蝕む」という現象があります。

　2年間の投資で算術平均の収益率がいずれも20％になる次のケースを考えましょう。

図表7－2　リスクはリターンを蝕む

	1年目	2年目	算術平均	終価	幾何平均
ケース1	20%	20%	20%	1.44	20.0%
ケース2	0%	40%	20%	1.40	18.3%
ケース3	－20%	60%	20%	1.28	13.1%

（注）終価（terminal value）はそれぞれのケースで1円を2年間運用した結果。

　上の表でケース1のみは算術平均と幾何平均は等しいものの、他の2ケースでは幾何平均が算術平均を下回っており、リターンの振れが大きいほど下回り方も大きくなっています。このようになる理由は、

$$(1 + r_1)(1 + r_2) \leq (1 + \overline{r})^2 \qquad \text{ただし、} \overline{r} = (r_1 + r_2)/2$$

が成立しているために、$r_1 = r_2 = \overline{r}$ の時に算術平均＝幾何平均となり、それ以外の時には幾何平均は常に算術平均を下回ることになります。これが「リスクはリターンを蝕む」と呼ばれる現象です。

　このように考えると幾何平均のみが合理的な収益率計算方法で算術平均はインチキのような気がしますが、必ずしもそうではありません。例えば、**図表7－1**の株式について、過去のデータにもとづいて今後1年間の収益率を予想する場合には、算術平均である0％を使用するのが一般的です。過去の収益率はそれぞれ「独立」していると考えるためです。独立の意味については第16章で解説します。

コラム　数学の本（3）

サイモン・シン、青木薫訳『フェルマーの最終定理』新潮文庫、495頁。

　フェルマーの最終定理とは「$x^n + y^n = z^n$は、$2 < n$ のときに解を持たない（n, x, y, z は正の整数）」というものです。$n = 2$ の場合は「直角3角形の斜辺の2乗は他の2辺の2乗の和に等しい」という中学生も知っているピタゴラスの定理ですが、nが3以上になったとたんに解が無くなるというわけです。17世紀フランスのアマチュア数学愛好家ピエール・ド・フェルマーが本の余白に「私はこの命題の真に驚くべき証明を持っているが、余白が狭すぎるのでここに記すことはできない」と謎めいたメモを残しました。それ以来300年以上に渡って世界中の数学者がこの問題に挑戦しては敗れ去っていき、ついに賞金までかけられる大問題になりました。1993年プリンストン大学教授のアンドリュー・ワイスがついに証明を発表する。しかし、直後に重大な欠陥が発見される。ワイスは証明の修正を迫られるが……。

　ワイスの証明には日本人数学者の業績も大いに活用されています。谷山＝志村予想で知られる谷山豊は31歳で自ら命を絶ち、数週間後には婚約者だった鈴木美佐子が「私たちは何があっても決して離れないと約束しました」という遺書を残して後を追うといった悲劇的エピソードも交えて、フェルマーの最終定理をめぐるドラマがミステリータッチで語られています。500頁を一気に読ませる迫力の本です。

（6）金額加重平均と時間加重平均

　ある株式ファンドに100万円投資したところ、1年目の収益率は20％でした。気を良くして50万円追加投資したら、2年目の収益率は－10％でした。2年目末のファンドの時価は以下に示すように153万円になっています。

$$(100 \times 1.2 + 50) \times (1 - 0.1) = 153 \ 万円$$

　この場合、2年間の投資収益率をどのように考えるべきでしょうか。**金額加重平均**と**時間加重平均**という2つの計算方法があって、使用目的によって使い分けます。

① 金額加重平均

これは自分のお金のパフォーマンスを測るのに適した方法で、沢山投資しているときの収益率を大きく評価します。具体的な計算は次のように行います。

$$100 + \frac{50}{1+r} = \frac{153}{(1+r)^2}$$

$$100 \times (1+r)^2 + 50 \times (1+r) = 153$$

2つの式は単に変形しただけなので同じものですが、下の式のほうが直感的に理解しやすいでしょう。この式は1年目始に投資した100万円と2年目始に追加投資した50万円が、2年目末に153万円になる収益率（r）を求めています。異なる金額に同じ収益率を適用するので金額加重平均と呼ばれます。この計算方法は第9章で詳しく学習するIRR（内部収益率）と同じものです。具体的に計算するために$(1+r) = x$とおいて、2番目の式を変形すると、

$$100\,x^2 + 50x - 153 = 0$$

となります。2次方程式の解の公式を覚えていますか。

$$x = \frac{-b \pm \sqrt{b^2 - 4ac}}{2a} \qquad ただし、\qquad ax^2 + bx + c = 0$$

ですね。これを解くと、xは1.012または−1.512になります。数学的には両方とも正解ですが、収益率としてはプラスの方を採用し、正解は1.012、金額加重平均収益率は1.2%になります。

② 時間加重平均

ところで、あなたがこの株式ファンドのポートフォリオ・マネジャーだったら、上の計算についてどう思いますか。確かに1年目に100万円、2年目に50万円を投資した人が得た収益率としては妥当でしょう。しかし、1年目に100万円、2年目に50万円というタイミングはあなたの運用能力とは何の関係もないお客さんの都合です。そこで、マネジャー能力を測るために用いられるのが時間加重平均収益率です。

時間加重平均ではファンドへお客さんが資金を入れたり出したりするたびに、収益率を計算しこれを幾何平均計算します。いまの例では、

$$\frac{120}{100} \times \frac{153}{(120+50)} = 1.20 \times 0.90 = 1.08 \qquad \sqrt{1.08} \cong 1.039$$

となって、3.9%が答えです。この例では、ちょうど1年後にファンドに資金流入があるので、時間加重平均と言ってもピンとこないかもしれませんが、例えば2年後に時価120万円になり、50万円追加、3年目末に153万円になったとすると、次のように計算します。

$$\left(\frac{120}{100}\right)^{\frac{1}{2}} \times \left(\frac{120}{100}\right)^{\frac{1}{2}} \times \frac{153}{(120+50)} = 1.08 \qquad \sqrt[3]{1.08} \cong 1.026$$

　この場合の収益率は2.6%になります。第1項と第2項を1/2乗しているのは、2年分の収益率を年率で求めるためです。このように、ファンドへの資金の出入りがあるつど収益率を計算するので、時間加重平均と呼ばれます。

　繰り返しになりますが、金額加重平均と時間加重平均はどちらが正しいと言うものではありません。あなたが投資家なら、追加投資を決めるのはあなたの責任ですから、自分の資産のパフォーマンスを評価する場合は金額加重平均を用いるべきでしょう。一方で、この株式ファンドのポートフォリオ・マネジャーのパフォーマンスを評価する場合は、資金の出入りに影響されない時間加重平均を用いるべきでしょう。当然ですが、ファンドへの資金の出入りがない場合は、両者とも同じ数字になります。

　なお、ここで資金の出入りと言っているのは、ファンドへの追加投資や一部解約のことです。ファンド内部の売買益や配当収入は再投資されるので、資金の出入りにはあたりません。

練習問題　7－1

(1)　下表はある株式ファンドの過去4年間の時価総額推移である。このファンドの算術平均・幾何平均収益率を計算しなさい。

(2)　算術平均と幾何平均収益率に差が生ずる理由を説明しなさい。

期始	1年目末	2年目末	3年目末	4年目末
100	150	120	84	126

練習問題　7－2　　　　　　　　　　　　　　　　　過去問！

　図表1は、ベンチマークである株式市場インデックス（配当込み）の値、ある株式ファンドの3年間の財産額およびファンドから投資家への配当額の推移を示したものである。時点0は運用開始時である。ファンドから投資家への配当は各時点（年末）に行われ、ファンド財産額は配当支払後の値である。収益率はすべて年率で表わすとする。

図表1　株式市場インデックスとある株式ファンド

時点（年末）	0	1	2	3	収益率の標準偏差
インデックス値	100.0	109.5	124.8	93.7	17.38%
ファンド財産額（億円）	1,000	1,049	1,105	979	14.64%
ファンドからの配当（億円）	—	0	200	0	
アクティブ・リターン	—	−4.60%	10.43%	13.52%	7.91%

問1　この株式ファンドの時点0から時点2までの2期間の幾何平均収益率（年率）はいくらですか。

A　5.12%　　　B　7.16%　　　C　10.11%

D　14.24%　　　E　14.65%

問2　この株式ファンドの時点1から時点3までの2期間の金額加重収益率（年率）はいくらですか。

A　−3.94%　　　B　−3.03%　　　C　4.99%

D　6.51%　　　E　6.61%

問3　このファンド収益率に関する次の記述のうち、正しいものはどれですか。

A　時点0から時点2までの算術平均収益率と幾何平均収益率は等しい。

B　時点0から時点2までの算術平均収益率は幾何平均収益率より小さい。

C　時点1から時点3までの金額加重収益率は時間加重収益率より大きい。

D　時点1から時点3までの金額加重収益率と時間加重収益率は等しい。

（平成23年1次春試験第6問Ⅱ問1〜3）

第8章 ＜数学基礎 3＞ 対数

　本章では、対数、自然対数の底である e という不思議な数、それを用いる連続時間複利収益率などを学びます。文学頭人間は対数が嫌いですが単に慣れていないだけです。対数が可愛くなるまで慣れましょう。慣れるための早道は実際に計算して感覚をつかむことです。安い機種で十分ですから関数電卓を購入して計算してみましょう。

（1）なぜ対数が必要か

　対数。log。いやですね。嫌いですね。「常用対数」などと言われると「俺はそんなもん常用してねぇよ」と事実を冷静に指摘したくなりますし、「自然対数」と言われれば「私的にはとても不自然だね」と感性の違いを訴えたくなります。

　しかし、証券分析の世界では対数は必須です。**図表8－1と8－2**を見ましょう。ふたつのグラフは共に1円を30年間投資したら、毎年20％ずつ増えて約200円になった投資成果を示します。**図表8－1**は普通のグラフで、右肩上がりの曲線を見ると最近の方が投資成果が良好なような気がしませんか。確かに資産価値が増加してきたので、毎年の資産の**増加額**も増える様子がよくうかがえます。一方、**図表8－2**は直線になっており、投資成果は毎年20％という資産の**増加率**で見れば30年間一定であったことを示しています。**図表8－2**は縦軸に対数をとったもので、ロググラフと呼ばれます。10円、100円、1,000円が同じ間隔になっていて、同じ％変化を示していることに注目してください。超長期の株価指数の動きを見るときなどは、ロググラフを用いるべきです。

図表 8 － 1　1 円・20％・30年間 — 通常のグラフ

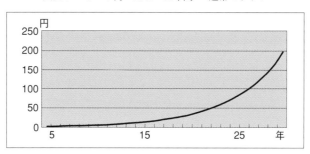

図表 8 － 2　1 円・20％・30年間 — ロググラフ

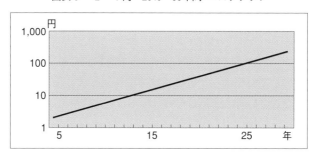

（2）対数とは何か

　この他にも、金利を複利で細かく計算するときに自然対数の底である e を用いますし、株価の分布には対数正規分布を用いるなど、対数は証券分析に頻繁に登場するので対数の克服なくして証券分析の征服はありえません。

　ただし、こわがることはありません。$2^3 = 8$ には違和感はありませんよね。$2 \times 2 \times 2 = 8$ のことです。対数はこれを、$\log_2 8 = 3$ と**書き換えただけ**です。余計な書き換えをするなと言いたくなりますが、書き換えると色々と便利なこともできるので我慢するしかありません。そして単なる書き換えですから、慣れればいいのです。

$$\log_2 8 = 3 \Leftrightarrow 2^3 = 8$$

$$5^2 = 25 \Leftrightarrow \log_5 25 = 2$$

$$\log_a y = x \Leftrightarrow y = a^x$$

$$m^n = p \Leftrightarrow \log_m p = n$$

（注）例えば、$\log_a y = x$ で、log の右下にある a を底（てい）または底数、y を真数、x を対数と呼びます。$\log_2 8$ は「ログ 2，8」または「ログ 2 を底とする 8」と読みます。なお、⇔はこの記号の左右が同値であることを示します。

　上記の書き換えに慣れればいいのですが、慣れるためのコツは、例えば $\log_{10} y$ という表記に出会ったら、「10 を**何乗かする**と y になる数」と累乗のかたちで読み替えることです。次に y が 100 だったら、10 の 2 乗だから 2、1,000 だったら 3 というように数値を代入して考えます。$\log_{10} 25$ というような表記も眺めているだけでは恐ろしげですが、関数電卓で計算すれば約 1.39794 と簡単に答えが出ます。要するに、1.39794 のことを $\log_{10} 25$ と表記しているだけなのです。慣れればいいと言いながらいつまでも講釈しているのは自己矛盾ですね。早速、練習問題に取り組んで慣れてください。

練習問題　8－1

（1）次の式を対数を用いて表しなさい。

① $2^4 = 16$　　② $3^3 = 27$　　③ $2^{-3} = \dfrac{1}{8}$　　④ $3^{\frac{1}{2}} = \sqrt{3}$

（2）次の式を累乗のかたちで表しなさい。

① $\log_2 4 = 2$　　② $\log_{10} 100 = 2$　　③ $\log_{10} 1,000 = 3$

④ $\log_{25} 5 = \dfrac{1}{2}$　　⑤ $\log_3 \dfrac{1}{9} = -2$　　⑥ $\log_{16} \dfrac{1}{4} = -\dfrac{1}{2}$

（3）次の対数の値を求めなさい。

① $\log_2 8$　　② $\log_3 81$　　③ $\log_{10} 10,000$　　④ $\log_{27} 3$

（4）次の x の値を求めなさい（①、②は真数、③、④は底数です）。

① $\log_2 x = 3$　　② $\log_4 x = 3$　　③ $\log_x 16 = 4$　　④ $\log_x 125 = 3$

（3）連続時間複利と e

　第 7 章収益率の基礎（52 頁）で見たとおり、年間の複利回数と複利利回りは

次によって表わされます。

$$P_0 \times \left(1 + \frac{r}{n}\right)^n = P_1$$

ただし、P_0　当初元本
P_1　1 年後元利合計
r　年間表示金利
n　複利回数

　ここで、$p_0 = 1$, $r = 1$（100 ％）とおくと、1 円を年間表示金利100％で 1 年間運用したときに複利回数（n）によって、1 年後の元利合計がいくらになるかを求めることになります。実際に複利回数を 1 回（単利）、10回、100回と増やして計算してみましょう。

$$\left(1 + \frac{1}{1}\right)^1 = 2$$

$$\left(1 + \frac{1}{10}\right)^{10} = 2.59374246$$

$$\left(1 + \frac{1}{100}\right)^{100} = 2.704813829$$

$$\left(1 + \frac{1}{1,000}\right)^{1000} = 2.716923932$$

$$\left(1 + \frac{1}{10,000}\right)^{10000} = 2.718145927$$

$$\left(1 + \frac{1}{100,000}\right)^{100000} = 2.718268237$$

$$\left(1 + \frac{1}{1,000,000}\right)^{1000000} = 2.718280469$$

　1 円を年間金利100％で運用すると、複利回数を増やすにつれて元利合計が増えますが、10万回複利を100万回複利にしても2.7182円強で増分はごくわずかです。複利回数を無限大にすると、

$$\lim_{n\to\infty}\left(1+\frac{1}{n}\right)^{n}\cong 2.71828182845904\cdots$$

という数に収束します。この数を e（イー）と呼びます。e は円周率を示すπ（パイ）と同じく無理数（割り切れない数）です。

e を底とする対数 $\log_{e}$ を**自然対数**と呼び、底の e を省略し $\ln$ あるいは単に $\log$ と表記します（注）。自然対数は証券分析にしばしば登場するので十分習熟する必要があります。

練習問題 8－2

関数電卓を使用し次の自然対数の値を計算しなさい。

（1） $\log 1$　　（2） $\log 2$　　（3） $\log 2.71828182845904$　（4） $\log 3$

（5） $\log 10$　　（6） $\log 100$　　（7） $\log 1{,}000$

さて、e は 1 円を表示金利100％で連続時間複利で 1 年間運用した時の元利合計額でした。表示金利を r、元利合計額を p、実効金利を R とすると次の関係が成立します。

$$e^{r} = p$$
$$\log p = r$$
$$p - 1 = R$$

$r = 100\%$ を代入してみると、

$$e^{1} = e \cong 2.71828$$
$$\log 2.71828 \cong 1（表示金利100\%）$$
$$2.71828 - 1 = 1.71828（実効金利171.8\%）$$

となります。「単利と複利」の項（53頁）で表示金利12％で複利の回数を無限大にしたら、元利合計はいくらになるのかというのが宿題になっていましたね。e を用いると

（注）関数電卓では、自然対数を $\ln$、常用対数（10を底とする対数）を $\log$ としている機種もあります。昔はこうした使い分けが一般的だったのですが、電卓の普及により常用対数はあまり用いられなくなり、今日では文献で $\log$ と出ればまず自然対数を指します。電卓が駆逐した常用対数＝ $\log$ が電卓のキーボードに生き残っているのは皮肉なことです。

$$e^{0.12} \cong 1.1275$$

となり、元利合計は1.1275倍、実効利回りは12.75％となることが簡単に計算できます。

練習問題　8－3

（1）　1円を次の金利で1年間連続複利運用すると元利合計はいくらになりますか。四捨五入して小数点第3位まで求めなさい。

　①　10％　　②　20％　　③　30％

（2）　次の1年実効金利は連続時間複利表示ではいくらになりますか。四捨五入して小数点第3位まで求めなさい。

　①　10％　　②　20％　　③　30％

 **コラム　ネーピアとオイラー**

　e はネーピア数と呼ばれることがあります。これは対数の発見者と言われるイギリス人のジョン・ネーピア（1550〜1617）にちなんだものです。ネーピアさんは正に複利利回りを考えている中で e を発見したそうです。400年も前に連続時間複利を考えた人がいたなんてすごいですね。ネーピアさんはスコットランドの城主で、宗教学者、軍事科学者、農業学者としても業績をあげました。喧嘩も好きで、隣地の鳩が自分の領地の穀物を食べるのに怒って、穀物に酒を含ませ鳩を酔っ払わせて一網打尽にしたそうです。

　自然対数の底に e という命名をしたのは、ドイツ人のレオンハルト・オイラー（1707〜1783）です。何故 e と名づけたかは、自分の名前（Euler）の頭文字を取ったという説が有力ですが、「オイラーさんは謙虚な人だから、そんなことをするはずが無い、$a \sim d$ は既に数学で用いられていたので e にしただけだ」という意見もあってはっきりしません。オイラーさんは超偉大な数学者で数々の発見をしましたが、最も有名なもののひとつが、

$$e^{i\theta} = \cos\theta + i\sin\theta \qquad 特に、$$

$$e^{i\pi} = -1$$

と表わされるオイラーの公式で、これは数学における最も美しい公式と言われています。$e, i, \pi, \cos, \sin$ と怪しげな記号がテンコ盛りで、文学頭人間としては香辛料・牛肉・にんじん・ジャガイモが嫌いな人のためのビーフカレーと呼びたい気もしますが、連続時間複利収益率と円周率と虚数単位（i）がひとつの単純な式で結びつくのは確かに摩訶不可思議ですね。

　オイラーさんは晩年は全盲になりましたが、それでも研究活動を続けました。50桁の計算が暗算で出来た記憶力の持ち主なので視力を失っても研究ができたのでしょう。76歳の時、孫と遊びながら天王星の軌道の計算をしているとき、「もう死ぬよ」といって亡くなったそうです。

（4）対数関数

　対数関数。ともに苦手な対数と関数が合体しているので恐ろしげですが、順を追って理解すれば難しいことはありません。そこで、まず最初に累乗関数。

$$y = x^a$$

が累乗関数です。$y = x^2$ のグラフは26頁にありますので、すぐに頭に浮かばない方は見直してください。

$$y = a^x$$

を指数関数と呼びます。累乗関数の右辺の a と x を入れ替えたものが指数関数です。$a = 2$ の場合の指数関数のグラフを**図表8－3**に示しますので、$x = 0, 1, 2$ を代入して確かめてください。なお、e を底とする指数関数を自然指数関数と呼ぶことがあります。この時、e^x のかわりに、$\exp(x)$ と表記することがあり、指数（x）部分が長くなるときにしばしば用いられます。$\exp$ はエクスポーネント（exponent）と読みます。

　さて、いよいよ対数関数です。$y = a^x$ を、$\log_a y = x$ と表記できることは既に確認しました。ここで、x と y を入れ替えた、

$$y = \log_a x$$

が対数関数です。$a = 2$ の場合の対数関数のグラフを**図表8－4**に示しました

ので、$x = 0, 1, 2$ を代入して確かめてください。このグラフには細い線で先の指数関数（$y = 2^x$）と原点を通る右上がり45度の直線（$y = x$）も示してあります。これを見ると、$y = x$ を中心に指数関数と対数関数のグラフは対称となることが分かります。この関係を両者は逆関数であると言います。

対数関数については次の演算ルールが成立します。

---

(1) $\log_a(xz) = \log_a x + \log_a z$　　(2) $\log_a 1 = 0$

(3) $\log_a(x \div z) = \log_a x - \log_a z$　　(4) $\log_a x^n = n \log_a x$

(5) $\log_a \dfrac{1}{x} = -\log_a x$　　(6) $\log_a x = \dfrac{\log_b x}{\log_b a}$　　（底の変換公式）

ただし、　$a, b > 0, a, b \neq 1, x, z > 0$

この演算ルールを用いると計算が簡単になる場合があります。例えば、資産100円が1年後に150円に増えた場合、連続時間複利利回りは、

$$\log(150 \div 100) = \log 150 - \log 100 = 5.0106 - 4.6052 = 40.54\%$$

となります。資産価値の対数値の差が連続時間複利利回りになるわけですね。

2年後には資産価値は130円に減ってしまったとしましょう。通常の利回りでは、-13.33%（$130 \div 150 - 1$）、連続時間複利では-14.310%（$\log(130 \div 150)$）になります。ここで、2年間の幾何平均利回りを求めましょう。最初に通常の利回りの場合は、

$$\left[(1+0.5000) \times (1-0.1333)\right]^{\frac{1}{2}} - 1 = 14.02\%$$

となります。次に連続複利利回りの場合は、

$$\log\left[(1+0.5000) \times (1-0.1333)\right]^{\frac{1}{2}}$$

$$= \frac{1}{2}\left(\log 1.5000 + \log 0.8667\right)$$

$$= \frac{1}{2}(0.4054 - 0.1431) = 13.12\%$$

となります。つまり、連続複利利回りの場合は単年度の利回りの平均が幾何平

均利回りになるわけです。

図表 8 － 3　　指数関数（y = 2ˣ）のグラフ

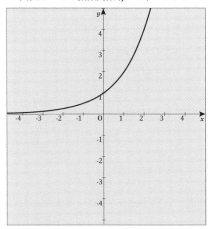

図表 8 － 4　　対数関数（y = log₂x）のグラフ

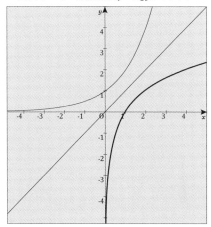

練習問題　　8 － 4

　ある株式の価格は下表のように推移した。

（1）各年の株価の対数値を四捨五入して小数点第 4 位まで求めなさい。

（2）各年の連続時間複利収益率を求めなさい。

（3）3 年間の幾何平均利回り（連続時間複利ベース）を求めなさい。

年	0	1	2	3
株価（円）	200	230	210	250

（5）対数を取る

　証券分析のテキストを読んでいると、「両辺の対数を取ると」とか、「対数値を取ると」といった表現に出会います。ここで、その意味を確認しておきましょう。

例 1：「 $Y = XZ$ の両辺の対数を取って、$y = x + z$ とする。」

　この意味は、具体例で示しましょう。$Y = 1,500$，$X = 30$，$Z = 50$ とします。

$$1,500 = 30 \times 50$$

$$\log 1,500 = \log 30 + \log 50$$
$$7.3132 = 3.4012 + 3.9120$$

となります。上の1番目の式から2番目の式への展開は先に述べた対数の演算ルールを利用しています。このように、対数を使って1番目の式を変形した2番目あるいは3番目の式を $y = x + z$ とおく、という意味になります。

例2：「株価の対数値を取る。」

株価を50円、100円、200円としましょう。対数値を取ると、

$$\log 50 = 3.9120$$
$$\log 100 = 4.6052 \quad \bigg\} +0.693$$
$$\log 200 = 5.2983 \quad \bigg\} +0.693$$

になります。株価の変化幅は50円（100－50）、100円（200－100）ですが、対数値を取ると3数値の変化幅は0.693で等しくなります。率の変化がそのまま対数値に反映されるからですね。証券分析では株価の対数値が正規分布すると考えます。株価の下限は0円なのに、上限は青天井なので対数値を取る必要があるわけです。

コラム　数学の本（4）

吉田武『オイラーの贈物〜人類の至宝 $e^{i\pi} = -1$ を学ぶ』東海大学出版会、532頁。

副題にもあるとおり、本書はオイラーの公式を理解することを切り口にした数学全般の体系的な自習書です。扱われている分野は幅広く、数列、指数、対数、微分、積分、行列等証券分析に必要な数学はほぼ全てカバーされています（ただし、統計学は扱っていない）。ユニークな数学入門書として高く評価されている本です。レベルは「意欲溢れる中学・高校生から」としていますが、決して易しい本ではありません。でも、頑張って本書を読了し、$e^{i\pi} = -1$ が「人類の至宝」と思えたら、あなたも立派な数学オタクの仲間入り。

第9章　様々な複利収益率

　本章では、投資実務で用いられる様々な収益率について学習します。色々な言葉が飛び出てきますが、基本的には複利収益率という基本の応用です。この点に留意して、様々な概念の異同について把握するようにしてください。

（1）IRR

　IRR（Internal Rate of Return：内部収益率）とは、投資機会のコストとその投資機会から生じる将来のキャッシュフローが与えられたとき、キャッシュフローの現在価値を投資コストに等しくする割引率のことです。といっても、何のことだか分からないので例によって実例で検討しましょう。

　ある年の年末に100円の株を買いました。この株は毎年末に5円の配当をします。丸3年後にこの株を120円で売却しました。1年目と2年目には5円の配当を貰い、3年目には配当に加えて120円の売却代金を手にしたわけです。このときのIRRは何％になるでしょうか。

　IRRを r として式で表わせば、$100 = \dfrac{5}{1+r} + \dfrac{5}{(1+r)^2} + \dfrac{125}{(1+r)^3}$ を満たす r を求めることになります。この計算をするためには次の3つの方法があります。

① 表計算ソフト（例えばエクセル）を用いる。
② IRR計算が出来る金融電卓を用いる。
③ 普通の電卓で試行錯誤で計算する。

ここでは、エクセルで計算しましょう。

図表 9 － 1　　IRRの計算

	A	B
1	Year	CF
2	Y0	－100
3	Y1	5
4	Y2	5
5	Y3	125
6		
7	IRR	10.985%

　上の表のB 2 からB 5 にこの投資から生じるキャッシュフロー（CF）が入力してあります。マイナスはキャッシュの出、プラスは入りを示します。IRRの計算結果を入れたいセル（B 7 ）にカーソルをおき、「＝IRR（B 2 ：B 5 ）」と入力すると10.985％という結果がでます（計算結果を小数点以下まで表示するためにはセルの書式設定で桁数を指定する必要があります）。

　このように、IRRの計算自体はいとも簡単に出来ますが、問題はこの結果が何を意味しているかを正確に理解することです。まず、このIRRが冒頭の定義にあっているかどうか、早速検算してみましょう。

図表 9 － 2　　IRRと現在価値

Year	CF	DF	PV
Y0	－100		
Y1	5	0.901023	4.505113
Y2	5	0.811842	4.059209
Y3	125	0.731488	91.43599
		Total PV	100.0003

　図表 9 － 2 でDFは53頁で学習した割引係数（discount factor）を意味し、$1/(1+IRR)^i$ で計算されます。PVは現価でCF×DFで計算されます。現在価値の合計欄を見ると誤差を除けば投資コストの100に等しくなっていることが分かります。

　このようにIRRは、「投資機会のコストとその投資機会から生じる将来のキャッシュフローが与えられたとき、キャッシュフローの現在価値を投資コストに等しくする割引率」と定義されるのですが、同時にキャッシュフローを期末まで再投資するレートという一面も持っています。

図表 9 － 3　　IRRと再投資

Year	CF	再投資レート	FV
Y0	－ 100		
Y1	5	1.231767	6.158835
Y2	5	1.10985	5.54925
Y3	125	1	125
		Total FV	136.7081
		×　DF	0.731488
		PV of FV	100.0003

　図表 9 － 3 はY 1 とY 2 のキャッシュフローをIRRを再投資レートとしてY 3まで複利で運用しY 3 時点の将来価値（FV）を求めたものです。Y 1 に受け取る 5 円は 2 年間運用するので、$(1＋IRR)^2＝1.10985^2＝1.231767$が再投資レートの欄にいれてあります。FVは将来価値でCF×再投資レートで計算してあります。 3 年後の将来価値合計は136.7081で、これに 3 年目の割引係数（0.731488）を掛けて現在価値を求めると、不思議なことにIRRで求めたのと同じ100円になってしまいます。

図表 9 － 4　　IRRと再投資

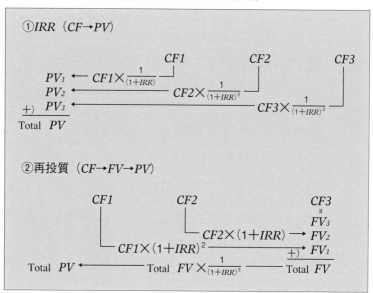

「不思議なものか、あたりまえだろう」と思ったあなたは鋭い。そう、数学的というか算数的には同じレートを用いているのですから、直接割り引いても、再投資してから割り引いても当然同じになります。**図表 9 － 4** を見て良く確認してください。ただし、投資理論的には受取配当金を 1 年とか 2 年の短期間、11％近い金利で本当に再投資できるのか、という疑問が生じます。これに対するひとつの理論的な解答は「ポートフォリオで運用しているので配当は同じように魅力的なほかの株式に投資する」というものですが、これは「小額の配当で買える株があるか」とか「ポートフォリオ投資以外の単独投資案件にはIRRは適用できないのか」といった新たな疑問を生じさせることになります。

　以上が、IRRは再投資レートを包含していると言われる問題でIRRの弱点であるという指摘もされます。言葉を代えると、異なった期間に同一の金利を適用することがIRRの弱点であると言えます。**利回り曲線**（yield curve）がフラットであれば問題は生じませんが、利回り曲線は右上り（短期金利＜長期金利）の場合が多く、フラットな利回り曲線はあまり見られません。

　こうした点を理解すれば、そもそも何故「内部収益率」と言われるかが分かると思います。そう、入ってきたお金を外部で短期金利等で運用するのではな

く、あくまで内部的に完結する収益率という意味なのですね。IRRを一般式で表わすと次の式を満たすrになります。Pは投資コスト、CF_iはi年末のキャッシュフローです。

$$P = \sum_{i=1}^{n} \frac{CF_i}{(1+r)^i}$$

（2）NPV

2次！

NPV（Net Present Value：正味現在価値）（注）は投資家の要求収益率（割引率）と投資案件のキャッシュフローが与えられたとき、その案件に投資してよいかどうか判断するための尺度で次のように定義されます。

NPV＝投資の現在価値－投資コスト＝投資の将来価値×割引係数－投資コスト

この定義を一般式で表わすと次のようになります。なお、kは要求収益率です。

$$NPV = \sum_{i=1}^{n} \frac{CF_i}{(1+k)^i} - P$$

この式はIRRの式に大変よく似ていますね。そう、IRRではrを求めていたのですが、NPVではrに要求収益率（k）を代入し現在価値を求め、これと投資コスト（P）の差額を求めているのです。IRRとNPVの相違を対照表で考えましょう。

図表9－5　IRRとNPV

	結　果	キャッシュフロー	要求収益率	投　資	企業財務
IRR	率	要	不要	○	△
NPV	金額	要	要	△	○

IRRは率で表示されますが、NPVはプラス100円とかマイナス50円といった金額で表示されます。金額がプラスの案件は投資対象になりマイナスの案件は

（注）NPVはコーポレートファイナンスの概念なので、アナリスト試験では2次で学びます。ただし、NPVが分かるとIRRがよりよく分かるので、1次受講者の方も本項を一読するよう、おすすめします。

却下されます。IRRは率表示ですので、**収益率の極大化**を目指す投資にはIRR
のほうが優れています。一方、企業財務（コーポレートファイナンス）は**富の
極大化**を目指すのでNPVがふさわしいと言えます。このように、IRRとNPVは
一長一短がありますが、将来のキャッシュフローを割り引くという基本的な手
法は同じでこの意味で両者は双子の兄弟のような関係にあります。

　早速、次の例題でNPVの使用例を学びましょう。

例題１：あなたはある事業会社の経理マンである。あなたの会社は初期コスト
が100億円のプロジェクトへの投資を検討している。この投資からのキャッシ
ュフローは１年目は０億円、２年目末５億円、３年目末10億円、また３年目末
にはプロジェクトを120億円で売却できる見込みがある。あなたの会社の要求
収益率は８％である。このプロジェクトに投資すべきか否か、NPVを用いて答
えなさい。

解答：要求収益率８％で各年の割引係数を計算し、これにキャッシュフローを
掛けて現価を算出する。現価合計は約107.5億円となり、NPVは7.5億円。この
プロジェクトは採用すべきである。

Year	CF	DF	PV
Y0	− 100		
Y1	0	0.925926	0
Y2	5	0.857339	4.286694
Y3	130	0.793832	103.1982
		Total PV	107.4849
		−　COST	100
		NPV	7.4849
		IRR	10.666%

　この問題はしっくりと理解できましたか。ここで、チェックすべきポイント
がいくつかあります。第１に割引係数の手計算が素早くできるかどうか。ここ
では、 $1/(1.08)^n$ が割引係数ですが、普通の電卓で計算する場合、 $1 \div$
$1.08 =, =, =$ と連続して入力することで結果が得られます。機種によって

1.08÷÷1＝,＝,＝と入力するものもありますが、割引係数の素早い計算は必須の技術なので十分練習してください。

　第2のチェックポイントはNPVとIRRの関係。表にこのプロジェクトのIRRも示しておきましたが、約10.7％と要求収益率の8％を大きく上回っています。IRR＞要求収益率ならNPVはプラス、IRR＜要求収益率だとNPVはマイナス、IRR＝要求収益率の場合はNPVはゼロになります。それなら、IRRと要求収益率を比較してプロジェクトの採否を決定すればすむのに、何故わざわざNPVを計算するのでしょうか。この理由は前にも触れましたがNPVがコーポレートファイナンス（企業財務）で用いられるところにあります。コーポレートファイナンスは会社の価値の極大化を目指すので、同じようなプロジェクトからひとつのプロジェクトしか選択できない場合、NPVが最大のプロジェクトを採用します。**率ではなく額を比較する**ためにNPVを用いるというのはコーポレートファイナンスの肝となる考え方です。

　第3のポイントはそもそも要求収益率とはどのようにして決定されるのかという点です。NPVはコーポレートファイナンスを前提にしていますので、会社の株主および債権者が要求する収益率の平均を用います。このとき、資本と負債の加重平均を取りますので、要求収益率は**WACC**（ワックと読む、weighted average cost of capitalの略）と呼ばれます。株主資本コストはCAPMを用いて計算されます。CAPMについては第13章「株式ポートフォリオの管理」で詳しく説明します。負債コストはその企業の借り入れ金利を用います。ただし、支払金利は税法上の費用になりますのでこれを調整したWACCの公式は次のとおりになります。

$$WACC = \frac{Dk_d(1-t) + Ek_e}{D+E}$$

　　　ただし、D＝負債額

　　　　　　E＝株主資本額

　　　　　　k_d＝負債コスト

　　　　　　k_e＝株主資本コスト

　　　　　　t＝税率

文字どおり負債コストと株主資本コストがそれぞれの金額で加重平均されて

いることが分かると思います。ここで、2点に注意してください。第1点は負債については（1－税率）が掛けられていることです。これは支払金利は税金計算上控除項目になるので、（支払金利×税率）分の節税効果が得られるという考え方をするためです。例えば、負債が100億円、負債コストが5％、税率が40％だとすると、支払金利5億円のうち2億円が節税効果（支払金利が仮になければ、2億円税金が増える）と考えます。株主資本には節税効果はないため全額が加重平均の対象になります。

　第2の注意点は負債も株主資本も資本コストとして同格に扱っている点です。資本と負債は違うのではないかと思う人もいるかもしれませんが、株式を自己資本と呼ぶように、負債を他人資本と呼ぶこともあり、ともに企業が必要なお金を第3者から調達する手段としては同格です。こうした考え方の背景には、モジリアーニ＝ミラー（MM）による企業の資本調達政策は企業価値に影響しないという理論（注）があります。MM理論は極めて重要な概念ですので証券投資のテキストを良く読んでしっかりと理解するようにしてください。

練習問題　9－1　　　　　**2次 ！**　**過去問 ！**

　ジュエル社の計画している投資プロジェクトの期間は3年で、以下のようなキャッシュフローが予想されている。この投資プロジェクトの要求収益率が8％の場合、正味現在価値（NPV）を計算して、ジュエル社はこの投資プロジェクトを実施すべきかどうか答えなさい（NPVは、四捨五入して億円単位で小数第1位まで示すこと）。

投資プロジェクトのキャッシュフロー（単位：億円）

現時点	1期後	2期後	3期後
－100	33	48	31

（平成20年2次試験、1時限第8問問2(1)）

（注）これは、税金がない場合。MM理論によると法人税がある場合は全額負債で調達すると企業価値が最大になります（倒産可能性は0とする）。

コラム　金融電卓とYield Book

　米国や欧州ではIRRや債券複利利回り計算プログラムが組込まれている関数電卓（金融電卓と呼びましょう）が普及しています。この種の電卓は1970年代から販売されており、シカゴの先物取引所でトレイダー達は電卓でブラック＝ショールズ・モデルによるimplied volatilityを計算しつつ相場を張っていました。米国の証券アナリスト試験(CFA試験)では、テキサス・インストラメンツかヒューレット・パッカード社製の初級金融電卓の持ちこみが指定され、これを用いて債券複利利回りを計算するのが定番問題になっています。金融電卓を使いこなすのがアナリストの必須のスキルというわけでしょうね。わが国は電卓大国なのに、日本製の金融電卓が普及していないのは不思議なことです。長らく単利利回りが幅を利かせており、ようやく複利利回りに慣れた頃にはパソコンが普及していたので、わざわざ金融電卓を用いる必要が乏しかったのでしょう。

　米国では金融電卓とコンピューターが本当に普及する前、1980年代の初め頃までは Yield Book と呼ばれた債券のクーポン、償還までの年数別に最終利回りと価格を数表にした資料を用いていました。誠に無味乾燥な資料ですが、この裏に豊かな債券投資のアイデアがあることを示したのが Sidney Homer and Martin Leibowitz の名著 "Inside the Yield Book",1972です。2004年には復刻版が出版されていますので、bond geek（債券オタク）を志す人はぜひご一読を。

（3）配当割引モデル

　配当割引モデル（dividend discount model、頭文字からディーディーエムとも呼ばれる）とは、株式の将来の配当フローを予測しこれを要求収益率で割り引いてその現在価値合計を妥当な株価とするモデルのことです。このモデルにはいくつかのバージョンがありますが、最も単純なものから見ていくことにしましょう。

①単純なモデル

例題2：ある株式は今後3年間毎年末に5円の配当を行うと見込まれる。また、3年後にこの株式は120円（配当利回り4.17％＝5円／120円）で売却できると予想している。この株式の要求収益率は11％である。DDMを用いてこの株式の現時点における妥当な株価を算出しなさい。

解答：与えられた配当フローおよび売却代金を11％で割り引いて現価合計を求めると、99.96円。この株の妥当株価は100円である。

Year	CF	DF	PV
Y1	5	0.900901	4.504505
Y2	5	0.811622	4.058112
Y3	125	0.731191	91.39892
		Total PV	99.96154

　以上が最も単純な配当割引モデルの適用です。どこかで見たことがありますね。そう、キャッシュフローはIRRで最初に検討したものと全く同じです。妥当株価が100円を少し下回ったのはIRRが10.985％なのに対し、要求収益率を11％と丸めた数字を使ったためです。DDMもまたIRRの兄弟分なのです。両者の異同を表にすると次のとおりです。

図表9－6　IRRとDDM

	結　果	キャッシュフロー	要求収益率	投資コスト	適　用
IRR	率	要	不要	要	幅広い
DDM	株価	要	要	不要	株式

　このように見ると、IRRとDDMは大差なくわざわざ配当割引モデルなどと大げさな名前を付けることもなく「IRR－その2」とでも呼べば十分だと思われるかもしれません。しかし、DDMには配当フローを類型化したバージョンがいくつかあり、全体として美しいモデルといえると思います。以下、順を追ってDDMの諸バージョンを学習しましょう。

②ゼロ成長モデル

　ゼロ成長モデルは配当額が未来永劫不変であるとするモデルです。求めようとする株価を P_0、配当を D、要求収益率を k とすると、次のとおりになります。

$$P_0 = \sum_{n=1}^{\infty} \frac{D}{(1+k)^n}$$

$$= \frac{D}{(1+k)} + \frac{D}{(1+k)^2} + \frac{D}{(1+k)^3} \cdots$$

$$= D\left[\frac{1}{1+k} + \frac{1}{(1+k)^2} + \frac{1}{(1+k)^3} + \cdots\right]$$

３行目の式の［　］内は初項が $\dfrac{1}{1+k}$、公比が $\dfrac{1}{1+k}$ の無限等比級数ですので、第６章＜数学基礎２＞（50頁）で学んだ公式を用いて整理すると、

$$P = \frac{D}{k}$$

となります。例えば、配当が10円、要求収益率が８％だとすると、妥当な株価は10÷0.08＝125円と計算されます。とても便利な公式なので必ず使いこなせるようにしてください。ところで、ここでも要求収益率をどうやって求めるのか、という疑問が生じますね。WACCを求めるときと同様に、CAPMを用いて計算するのが一般的です。CAPMってすごいですね。CAPMはモダンポートフォリオ理論の中核にある概念であとでゆっくり勉強しますので楽しみにしてください。

③定率成長モデル

　ゼロ成長モデルはとても簡易なモデルですが、いつまでも同じ配当しかしない株というのはちょっと現実的ではないですね。そこで、登場するのが定率成長モデルです。定率成長モデルは配当が未来永劫同じ率で増加すると仮定するモデルで、配当の増加率を g とすると次のように記述されます。

$$P_0 = \sum_{n=1}^{\infty} \frac{D_1(1+g)^{n-1}}{(1+k)^n}$$

$$= \frac{D_1}{(1+k)} + \frac{D_1(1+g)}{(1+k)^2} + \frac{D_1(1+g)^2}{(1+k)^3} + \cdots$$

$$= \frac{D_1}{1+k}\left[1 + \frac{1+g}{1+k} + \left(\frac{1+g}{1+k}\right)^2 + \left(\frac{1+g}{1+k}\right)^3 + \cdots\right]$$

3行目の式の[　]内は、初項が1、公比が $\dfrac{1+g}{1+k}$ の無限等比級数ですので、その和の公式を用いて整理すると、

$$P_0 = \frac{D_1}{k-g} \qquad ただし、k>g$$

となります。これも大変重要な公式ですので十分習熟する必要があります。さて、上の式で株価の添え字は0、配当の添え字は1になっていますが、この違いを説明できますか。株価は現時点の株価、配当の添え字は1年後の配当であることを意味します。配当割引モデルは将来の配当を現価に割り引くわけですから、1年後の配当からスタートするわけです。現在の配当が与えられている場合は、これに（1+g）を掛けて D_1 を求める必要があります。

　ここで、もう一度ゼロ成長モデルの公式を見てください。配当には添え字がありませんね。ゼロ成長ですから、現在の配当も1年後の配当も同じなので添え字が不要なわけです。

④多段階配当割引モデル

　ゼロ成長モデルでも定率成長モデルでも未来永劫同じ率で配当の成長が続くので、成熟企業には適用できても、成長企業にあてはめるのは難しそうです。例えば、名目GDPより高い配当成長が永遠に続けば配当がいずれGDPを上回ってしまいます。このような時には、「今後5年間は20%で成長するが、その後は名目GDPと同じ成長が続く」といった前提が合理的です。これを、2段階配当割引モデルと呼びます。急成長、中成長、並成長に分けることも可能で、これは3段階モデルになります。こうした手法を総称して多段階配当割引モデル

と呼びます。

　なにやら複雑に見えますが、実は最初に見た単純なモデルと定率成長モデル
を組み合わせただけです。早速実例を見ましょう。

例題 3 ： A社の現在の配当は 1 株あたり10円である。配当は今後 2 年間は年率
10％で伸びるが、その後は毎年 5 ％の成長が永続すると見込まれる。配当割引モ
デルによるA社の理論株価はいくらか。なお、A社株の要求収益率は12％とする。
また、現時点は配当金受取直後、A社の配当金支払は年 1 回とする。

解答：

（ 1 ）最初の 2 年間の配当の現価を求める。

$$10 \times 1.1 \times \frac{1}{1.12} + 10 \times 1.1^2 \times \frac{1}{1.12^2} \cong 9.82 + 9.65 = 19.47 円$$

（ 2 ） 3 年目以降の配当の現価を定率成長モデルで求める。

　3 年目の配当は、 $10 \times 1.1 \times 1.1 \times 1.05 \cong 12.71 円$

　3 年目以降配当の現価は、 $\frac{12.71}{0.12 - 0.05} \cong 181.57 円$

　これは 2 年目末（ 3 年目始）における評価なので、現時点まで 2 年分割り

　引くと、 $181.57 \times \frac{1}{1.12^2} \cong 144.75 円$

（ 3 ）現価合計＝理論株価は(1)と(2)の合計になる。

　$19.47 + 144.75 \cong 164 円$

　なんだか難しいですね。下の図を見てしっかり理解しましょう。なお、下
図における181.57円を**ターミナルバリュー**と呼ぶことがありますが、これは
181.57円はこの時点で株を売却して得る現金と考えることができるからです。

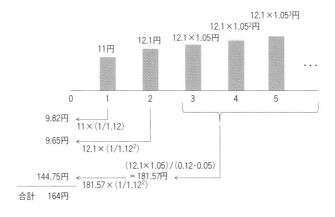

注意！

　「現在の配当」とあるので、1年後の配当は10×1.1円になります。3年目以降の定率配当モデルによる株価を現時点に割り引くことを忘れないこと。このとき、うっかりと割り引き係数を$\dfrac{1}{1.12^3}$としないこと。評価をしているのは2年目末である。

⑤サステイナブル成長率

　配当割引モデルで必要な要求収益率は通常CAPMで求められると述べました。それでは、配当の成長率はどうやって求めるのでしょうか。ここで、サステイナブル成長率という考え方が登場します。サステイナブルは持続可能という意味ですね。サステイナブル成長率の公式は次のとおりです。

　　　サステイナブル成長率＝ROE×内部留保率

　　　　　　　　　　　　　＝ROE×（1－配当性向）

　　　　　　　　　　　　　＝利益成長率＝配当成長率

　ここでは、ROEが毎年一定であり、増資は行わないが負債資本比率が一定となるよう負債調達を行うことが前提となっています。ROEが20％、1株あたり自己資本が100円の会社を考えましょう。この会社の配当性向がゼロ（無配）だとすると、利益成長率はROEと同じ20％になります。配当性向を50％としましょう。配当と利益がともに10％（ROE×（1－配当性向））で伸びていることが確認できますね。

図表9－7　サステイナブル成長率と配当性向

	配当性向＝0％			配当性向＝50％		
	Y1	Y2	Y3	Y1	Y2	Y3
自己資本	100	120	144	100	110	121
利　　益	20	24	28.8	20	22	24.2
配　　当	0	0	0	10	11	12.1
内部留保	20	24	28.8	10	11	12.1

（注）自己資本は各期首の値。

それでは配当性向が100％だとどうなりますか。そう、ゼロ成長配当割引モデルの出番になるわけですね。

配当割引モデルの理論は以上で全てです。練習問題で理解の確認をしてください。

練習問題　9－2

配当割引モデルを用いて以下の問に答えなさい。なお、現時点は前期配当金の受取り直後で、当期配当金の受取りは1年後、中間配当金はないものとする。

問1　A社株の1株当り配当金は50円で、今後とも不変とする。要求収益率を10％として、A社株の理論株価を求めなさい。

問2　B社株の前期配当金は10円。今後2年間の配当金は毎年10％増。要求収益率を8％、2年後に配当利回り5％で売却するとして、B社株の理論株価を求めなさい。

問3　C社株の現在の株価は800円、当期配当金は20円と予想されている。C社のサステイナブル成長率を5％、要求収益率を7％として、C社株に投資すべきか否か答えなさい。

問4　D社株の前期配当金は30円であった。今後2年間、当社の株式は20％増配し、その後は毎年5％の配当増に転じる。要求収益率を8％とし、当社株式の理論株価を求めなさい。

問5　E社の1株当り自己資本は1,000円、1株当り利益は50円、1株当り配当金は20円である。E社のサステイナブル成長率を求めなさい。

（4）FCFEモデルと残余利益モデル

配当割引モデルの兄弟のようなモデルにFCFE（フリー・キャッシュフロー）割引モデルと残余利益モデルがあります。兄弟らしく、一定の条件を満たせば3モデルで計算された理論株価は全て等しくなります。

① FCFEモデル

FCFEとはFree Cash Flow to Equityのことで、株主に帰属するキャッシュフローを意味し、次のように定義されます。

　　FCFE＝純利益＋減価償却費－設備投資額－正味運転資本増加額

　　　　　＋負債増加額

　すなわち、FCFEは設備投資をまかなった後で株主に残るキャッシュというわけですね。FCFEと株価の関係は次のように表現できます。

$$P = \frac{FCFE}{k} \qquad\qquad （ゼロ成長モデル）$$

$$P_0 = \frac{FCFE_1}{k-g} \qquad ただし、k>g \qquad （定率成長モデル）$$

　おっとっと、どこかで見たような式ですね。そう、81〜82頁の配当割引モデル公式のDをFCFEに置き換えただけです。ここでは、詳しい説明は省きますが、株主に残るキャッシュであるFCFEは全額配当することができるので、配当割引モデルの公式を利用できると考えてください。

② 残余利益モデル

　残余利益（residual income）とは、要求収益率（株主の資本コスト）を上回る超過利益のことを指します。例えば、自己資本100億円、ROE10%、要求収益率5%とすると、残余利益は、

　　　100億円×(0.10－0.05)=5億円

になります。自己資本（期首）をB、残余利益をRIとすると、定率成長型の残余利益モデルにおける理論株価は次のとおりです。

$$P = B + \frac{RI}{k} \qquad\qquad （ゼロ成長モデル）$$

$$P_0 = B_0 + \frac{RI_1}{k-g} \qquad ただし、k>g \qquad （定率成長モデル）$$

　これまでの式に比べると、期首の自己資本が右辺に登場するのが大きな特徴です。また、$(k-g)$で割っている分子は、これまでは配当やキャッシュフローの全額であったのに、ここでは利益の一部である残余利益になっていることも特徴です。要求収益率に対応する利益の現在価値は期首の自己資本に反映され、要求収益率を上回る部分の現在価値が右辺第2項になっていると考えましょう。

③ 各モデルの特徴

　似たようなモデルが登場するので、何とかひとつに統一してくれという悲鳴が聞こえてきそうですね。それぞれのモデルには次のような特徴があります。

　配当割引モデルは最も直感的に分かりやすいモデルです。ただし、配当の決

定には経営者が裁量を持っているので予測が難しいという問題があります。さらに、無配の株や配当性向が極めて低い株への適用は困難です。この点、FCFEモデルは配当の有無には依存しないという大きなメリットがあります。ただし、設備投資動向によってフリー・キャッシュフローはマイナスになるので、活発な設備投資を行っている成長企業には適用が難しいという問題があります。

　この点、残余利益は経営者の恣意や設備投資動向には依存せず、安定しているというメリットがあります。こうしたモデルを実際の企業評価に適用する場合、最初の数年間の配当・FCFE・残余利益の金額は予測値を用い、その後は定率成長モデルを使う2段階モデルを使用するのが普通です。ちょっとテクニカルになりますが、残余利益モデルは他モデルに比べると、理論株価に占めるターミナルバリュー（83頁参照）の割合が低いという特徴があります。これは右辺に自己資本（期首）という、将来のキャッシュフローや配当に依存しない部分が含まれるためです。ターミナルバリューは割引率を少し変えるだけで大きく変動しますので、この割合が低いのは信頼感が高いモデルであるといえます。残余利益モデルには、この他にもクリーンサープラス関係（期首自己資本＋利益－配当＝期末自己資本）だけ仮定すれば、どのような会計処理をしても同じ結果が得られるという単純で美しい特性もあります。

　残余利益モデル自体は以前から知られていましたが、こうしたメリットが認識され、1990年代半ば以降、大きく注目を浴びるようになりました。その結果、どうなったか。試験に出るようになったわけですね。早速、過去問に挑戦しましょう。

練習問題　9－3　　　　　　　　　　　　　　過去問！

　Z社の前期末総資産は1,000億円で、資本構成は負債60％、自己資本40％であった。Z社のROEは9％で一定で、毎年、前期末総資産の3％の純投資を行い、そのうち60％を負債、残りを純利益で賄う方針を採用している。純利益のうち、純投資に充当する金額を内部留保し、残額はすべて配当することとし、株主要求収益率は5％、サステイナブル成長率は3％，発行済株式数は10億株とする。

問1　Z社の今期末の予想自己資本は、いくらですか。

　A　394億円　　　　B　400億円　　　　C　406億円

D　412億円　　　E　418億円

問2　Ｚ社の今期予想残余利益は、いくらですか。

A　－10億円　　　B　16億円　　　　C　20億円

D　30億円　　　　E　36億円

問3　残余利益モデルと整合的なＺ社の理論株価は、いくらですか。

A　80円　　　　B　120円　　　　C　160円

D　200円　　　E　240円

問4　Ｚ社の今期の株主に対するフリー・キャッシュフローは、いくらですか。

A　12億円　　　B　24億円　　　　C　36億円

D　48億円　　　E　60億円

問5　フリー・キャッシュフロー割引モデルと整合的なＺ社の理論株価は、い
くらですか。

A　120円　　　B　150円　　　　C　180円

D　210円　　　E　240円

問6　配当割引モデルと整合的なＺ社の理論株価は、いくらですか。

A　120円　　　B　150円　　　　C　180円

D　210円　　　E　240円

（平成22年１次春試験第３問Ⅲ、ただし、問６は筆者加筆）

第10章　債券の利回り

　利回りは債券の「命」であり、それだけに色々な利回り概念が使われます。本章の目的はそれぞれを正しく理解し、使い分けることが出来るようになることです。

　債券の利回り計算では償還時の価格を100とし、これをパーと呼びます。クーポンレート、最終利回り、債券価格の間には次の関係があります。

　　　　クーポン＞最終利回り　⇒　債券価格＞100　⇒　オーバーパー債券

　　　　クーポン＝最終利回り　⇒　債券価格＝100　⇒　パー債券

　　　　クーポン＜最終利回り　⇒　債券価格＜100　⇒　アンダーパー債券

　以下の説明では利付債は年１回利払い、次回利払日は１年後と想定します。

（１）直接利回り

　直接利回りは、債券のクーポンを債券価格で割ったもので、債券を買うことによって得られるインカム・ゲインを示します。直接利回りは略して「直利」と呼ばれることもあります。直利は、「キャリー」（carry）と呼ばれることもあります。債券を保有し続けるときに入る収入という意味ですね。

　　　　　　直接利回り＝クーポン÷債券価格

　クーポン５％の債券の価格が95円なら直利は5.26％、105円なら4.76％になります。

（２）最終利回り

　最終利回りは債券を現在の価格で買って、満期まで保有すると想定した場合の利回りです。最終利回りは単利と複利に分けられ、複利の場合は割引債と利付債に分けて考えるのが便利です。

①単利最終利回り

$$単利最終利回り = \frac{クーポン + \dfrac{100 - 債券価格}{残存年数}}{債券価格}$$

　上記が単利最終利回りの定義式です。クーポン5％の5年債の価格が95円だったとすると単利最終利回りは、

$$\frac{5 + \dfrac{100 - 95}{5}}{95} \cong 6.32\%$$

になります。価格が105円だとすると、3.81％になります。上の定義式をよく見ると現在の債券価格と額面価格（100）との差額を残存年数で割って、それをクーポンに加えて直利を計算していることになります。現在の債券価格と額面価格の差は満期時に実現するのですが、それを均等割してクーポンに加えています。計算が簡単だというメリットはありますが、デメリットはお金の時間価値を無視した荒っぽい利回りだということです。わが国ではいまだに債券の最終利回りを単利で表示する習慣がありますが、理論的な債券投資の世界、従って証券アナリスト試験の世界ではあまり使われない概念です。

②複利最終利回り

　複利最終利回りは割引債と利付債に分けて考えると分かりやすい。原理は同じですが、より単純な割引債から見ましょう。

　割引債とはクーポン支払がない債券で、ゼロクーポン債と呼ばれることもあります。満期には利付債と同様、パー（100円）で償還されるので、当然、パー未満で（割り引かれて）発行されるので割引債と呼ばれます。割引債は短期物が多いのですが、複数年にわたるものもあります。割引債の複利最終利回りは次の式を解いて求めます。

$$P = \frac{100}{(1+r)^n}$$

　　　　　　　　ただし、P = 割引債価格

　　　　　　　　　　　r = 割引債の複利最終利回り

　　　　　　　　　　　n = 償還までの年数

　例えば、割引債価格が90円、償還まで２年の場合の利回りは5.41％と普通の電卓で簡単に計算できます。償還までの年数が奇数や分数（例えば半年の場合は$n=\dfrac{1}{2}$とします）の場合も関数電卓があれば容易に計算できます。信用リスクのない発行体の割引債（通常は割引国債）の利回りはスポットレートと呼ばれます。スポットレートについては次項で説明します。

　利付債の場合は複数年にわたってクーポン収入がありますので、やや複雑になりますが、クーポンをCとすると、複利利回りは次の式を解いて求めます。

$$P = \sum_{i=1}^{n}\frac{C}{(1+r)^i} + \frac{100}{(1+r)^n}$$

　この式の右辺第１項は毎年のクーポン収入にその年の割引係数$\left(\dfrac{1}{(1+r)^i}\right)$を掛けて、クーポンの現在価値の合計を求めています。右辺第２項はn年後にもらう元本の現在価値を示します。すなわち、債券の複利最終利回りとは、債券価格と将来受け取るキャッシュフロー（クーポンと元本）の割引現在価値を等しくする割引率ということになります。上の式ではクーポンと元本を区別していますが、区別せずにi年目のキャッシュフロー（CF_i）と書くと、

$$P = \sum_{i=1}^{n}\frac{CF_i}{(1+r)^i}$$

となります。

　この式、どこかで見たことありますね。そう、IRRです。債券の複利最終利回りはIRRそのものなのです。そうか、これで債券利回りの話は終わりだな、という声が聞こえてきそうですね。残念ながら、話はここで終わりません。債券についてはスポットレートと複利利回りの関係と言うややこしい（しかし一度分かればナンダという）問題が残っているのです。

（３）スポットレートと債券価格の決定

　２年前に発行された５年国債のクーポンは７％でした。これから発行される３年国債のクーポンは５％に決まりました。ともに残存期間は３年で、発行体が同じなので信用リスクも同じです。この両債券の複利最終利回りは同じでし

ょうか、違うでしょうか。

　スポットレートと債券価格の関係がこの問題に対する答えを提供します。

　IRRを学習したときに、異なった期間に同じレートを摘要するのがIRRの弱点であると述べました（74頁）。債券複利最終利回りはIRRそのものですから、この弱点を免れません。そこで、この弱点を克服するために登場するのがスポットレートです。スポットレートは各年限に対応する割引国債利回りのことです。割引債利回りは、$P = \dfrac{100}{(1+r)^n}$ で定義されました。この式は現在のP円がn年後に100円になるための利回りがrであることを示しています。キャッシュフローは現在のP円の流出と、n年後の100円の流入しかないので、期中におけるクーポンの再投資という問題は生じません。P円は必ずr％で運用できることが確定しているのです。スポットレートにはこうしたメリットがあるために、債券の価格はスポット・レートによって決定され、この価格に基づいて複利最終利回り（IRR）が計算されるのです。

　　　　スポットレート ⇒ 債券価格の決定

　　　債　券　価　格 ⇒ IRRによる利回り表示

といっても、なんだか分かりませんね。いつものように、具体例で検討しましょう。

例題１：スポットレートは１年もの２％、２年もの４％、３年もの６％である。クーポン５％、残存期間３年の国債価格は97.68、IRRは5.866％であり、クーポン７％、残存期間は同じく３年の国債価格は103.17、IRRは5.818％である。どちらの国債を買うべきか。

解答：IRRが高いので５％債を買う、では問題として単純すぎますね。まず、与えられたスポットレートを用いて両国債のクーポン、元本収入の割引現在価値を求めてみましょう。

図表10－1　スポットレートによる評価

	CF	DF	PV	CF	DF	PV
	5％債			7％債		
Y1	5	0.980392	4.901961	7	0.980392	6.862745
Y2	5	0.924556	4.622781	7	0.924556	6.471893
Y3	105	0.839619	88.160024	107	0.839619	89.839263
Total PV			97.684767	Total PV		103.173902

　上の表で割引係数（DF）は、1年目は$1 \div 1.02$、2年目は$1 \div 1.04^2$、3年目は$1 \div 1.06^3$とそれぞれの年限に対応するスポットレートを用いています。この表を見ると現在価値の合計は5％債が97.68、7％債が103.17でそれぞれの価格と等しく、スポットレートで評価すると両債券とも同価値、ともに公正な価格が付いているのでどちらを買っても同じ、ということになります。

　ひょっとして、IRRの計算が間違っていたのかもしれませんね。念のために検算してみましょう。

図表10－2　IRRによる現価

	CF	DF	PV	CF	DF	PV
	5％債（IRR＝5.866％）			7％債（IRR＝5.818％）		
Y1	5	0.944590	4.722952	7	0.945019	6.615132
Y2	5	0.892251	4.461254	7	0.893061	6.251424
Y3	105	0.842812	88.495215	107	0.843959	90.303614
Total PV			97.679421	Total PV		103.17016

　この表で割引係数は5％債は5.866％、7％債は5.818％とそれぞれのIRRをベースに計算しています。現価合計は97.68と103.17でIRR計算が正しいことが確認されました。また、スポットレートによってもIRRによっても現価合計は不思議なことに等しくなっています。不思議ではない、あたりまえだ、と思ったあなたはエライ。そう、スポットレートで現価（債券価格）を決定し、この価格を用いてIRRを計算しているのですから等しいのは当然です。

　スポットレートを用いた債券評価は、利付債から生ずる各年のキャッシュフ

ローを独立した割引債額面償還額と見立てている、と考えられます。債券価格
は独立した割引債投資の現価合計になるわけです。IRRはこのように成立した
債券価格に対して事後的に計算されるレートです。このために、同じ発行体、
同じ年限の債券でもクーポンが異なるとIRRも異なるのですね。

　スポットレート⇒債券価格⇒IRR計算（注）、という関係はしっかり頭に入れ
てください。IRRの単純比較から債券の割安割高は判断できないのです。

 ## コラム　スポットレートとストリップス債

　債券価格とスポットレートの関係がやかましく言われるようになったの
はそんなに古いことではなく1980年代半ば頃からだと思います。このこ
ろ、米国で国債のクーポンと元本を分離して売買する取引が始まりました。
ストリップス債（STRIPS：Separate Trading of Registered
Interest and Principal of Securities）と呼ばれるこの商品によってあ
らゆる年限の割引債が取引可能になりました。この結果、スポットレート
⇒債券価格という関係が現実のものとなったのです。スポットレートで計
算された理論価格から市場価格が乖離した場合には裁定取引余地が生じる
ため、結局市場価格は理論価格に収斂することになります。わが国では、
まだ長期の割引国債は取引されておらずスポットレートは利付債から推定
されるという段階です。ただし、わが国でも2003年以降発行される利付
国債は元本とクーポンの分離流通が可能となりましたので、近い将来スト
リップス債市場が活況を呈するかもしれません。ストリップス債が発明さ
れなければ、証券アナリスト試験での勉強はIRRだけで済んだかもしれま
せん。

（注）コラムにも書きましたが、スポットレートと債券利回り（IRR）は裁定取引の対象になりますの
　　　で、現実にはニワトリと卵のようにどっちが先だか分からない関係にあります。ただし学習上は、
　　　スポットレート⇒債券価格⇒IRR計算、と考えると分かりやすくなります。

練習問題 **10－1**

　クーポン４％の３年債がある。１～３年のスポットレートは各２％、３％、４％である。この債券の価格を計算しなさい。

（4）フォワードレート

　スポットレートは現時点から将来時点にかけて適用される運用利回りでしたが、将来の１時点からさらにその先の１時点までのレートをフォワードレートと呼びます。フォワードレートはＦＲＡ（デリバティブの一種であるフォワードレート・アグリーメント）等によって市場で取引されていますが、スポットレートから逆算して求めることも出来ます。スポットレートから求めたフォワードレートをインプライド・フォワードレート（implied forward rate）と呼ぶことがあります。インプライド・フォワードレートと市場のフォワードレートは裁定取引によって一致しますので、以下では特に区別せずにフォワードレートと呼びます。

　スポットレートとフォワードレートの関係を図示しました（**図表10－3**）。今から１年後までのスポットレートは$s_{(0,1)}$、２年後までのスポットレートは$s_{(0,2)}$、１年後から２年後までのフォワードレートは$f_{(1,2)}$、２年後から３年後までのフォワードレートは$f_{(2,3)}$と表記しています。

図表10－3　スポットレートとフォワードレート

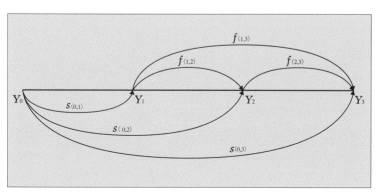

例題2：（1）スポットレートは1年もの2％、2年もの4％、3年もの6％とする。これを用いてフォワードレート$f_{(1,2)}$, $f_{(2,3)}$, $f_{(1,3)}$を計算しなさい。

（2）この計算によると市場は将来の短期金利をどのように予想しているか述べなさい。

解答：（1）フォワードレートは現時点で確定できる将来の運用利回りである。現時点で確定できるので、裁定取引によって、$s_{(0,1)}$で1年間運用した後、$f_{(1,2)}$で1年間運用する結果は、$s_{(0,2)}$で2年間運用するのと等しくなるはずである。従って、

$$（1＋s_{(0,1)}）×（1＋f_{(1,2)}）＝（1＋s_{(0,2)}）^2$$
$$（1＋f_{(1,2)}）＝（1＋s_{(0,2)}）^2÷（1＋s_{(0,1)}）＝1.04^2÷1.02≅1.06039$$
$$f_{(1,2)}＝6.039％$$

同様にして、

$$（1＋s_{(0,2)}）^2×（1＋f_{(2,3)}）＝（1＋s_{(0,3)}）^3$$
$$（1＋f_{(2,3)}）＝1.06^3÷1.04^2≅1.10116$$
$$f_{(2,3)}＝10.116％$$

1年後スタート、3年後までのフォワードレートは2年間の複利になるので、

$$（1＋s_{(0,1)}）×（1＋f_{(1,3)}）^2＝（1＋s_{(0,3)}）^3$$
$$（1＋f_{(1,3)}）＝\sqrt{1.06^3÷1.02}≅1.08058$$
$$f_{(1,3)}＝8.058％$$

（2）1年後スタートの期間1年間のフォワードレートは6.039％、2年後スタートの期間1年間のフォワードレートは10.116％になるので、市場は短期金利が急騰することを予想している。

例題3：例題2のスポットレート、フォワードレートを前提とする。期間2年の割引債に投資したところ、1年後の1年金利は市場の予想どおりとなった。割引債の1年間の所有期間利回りは何％になるか。

解答：割引債利回り＝同期間のスポットレート、ですから2年もの割引債の価格は、

$$現在の割引債価格＝1÷1.04^2×100≅92.456 \qquad ①$$

になります。

　1年後の1年金利はフォワードレートから6.039％になりますので、このとき
の残存期間1年の割引債価格は、

　　　　1年後の割引債価格 ＝ 1 ÷ 1.06039 × 100 ≅ 94.305　　　　②

になります。価格①で購入したものが、1年後には価格②になったわけですか
ら、利回りは、

　　　　所有期間利回り ＝ （94.305 ÷ 92.456 − 1 ） × 100 ≅ 2 ％

になります。

　さて、この答えの2％に見覚えがありませんか。そう、これはスタート時点
の1年ものスポットレートにほかなりません。1年後の1年もの金利がフォワ
ードレートの予想どおりになっていれば、スタート時点で1年割引債に投資し
ても2年割引債に投資しても、実現リターンは同じになるのです。これはスポ
ットレートとフォワードレートの間の**とても重要な関係**です。一見、不思議な
感じがしますがフォワードレートの定義を考えれば納得できます。

$$（ 1 + s_{(0,1)} ） × （ 1 + f_{(1,2)} ） = （ 1 + s_{(0,2)} ）^2$$

という式は既に示しましたが、2年もの割引債に投資するということは現時点
から2年後までの2年間の運用利回りがこの式の右辺になることを意味しま
す。1年後の1年もの金利がフォワードレートの予想どおりになったというの
は、1年後から2年後までの1年間の運用利回りが左辺第2項（ $1 + f_{(1,2)}$ ）に
なるということですから、未知数は左辺第1項のみであり、それは当然当初の
1年ものスポットレート（ $1 + s_{(0,1)}$ ）に等しくなります。

　このように複数期間にわたるスポットレートは、単位期間（ここでは1年）
のスポットレートとそれ以降のフォワードレートの幾何平均となります。例え
ば、3年スポットレートは以下のように示されます。

$$
\begin{aligned}
（ 1 + s_{(0,3)} ）^3 &= （ 1 + s_{(0,1)} ） × （ 1 + f_{(1,2)} ） × （ 1 + f_{(2,3)} ） \\
&= （ 1 + s_{(0,1)} ） × （ 1 + f_{(1,3)} ）^2 \\
&= （ 1 + s_{(0,2)} ）^2 × （ 1 + f_{(2,3)} ）
\end{aligned}
$$

　このすべての等式が成立するようにスポットレートとフォワードレートは決
まります。仲の良い大家族のように整然とした関係を保っているのです。

（5）社債の利回り

　国債は元利支払にリスクはないと考えます。社債には**デフォルトリスク**（債務不履行のリスク）があるので、その分利回りが高くなります。同期間の国債利回りと社債利回りの差を**スプレッド**と呼びます。デフォルト確率、デフォルトの場合の回収率が与えられればスプレッドを計算することができます。

例題4：満期まで1年の割引社債がある。この社債のデフォルト確率は2％で、デフォルトした場合の回収率は10％である。1年割引国債の利回りが4％のとき、割引社債のスプレッドを求めなさい。ただし、投資家はリスク中立的であるとする。

解答：

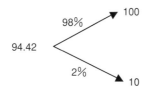

　上の図のとおり、1年後に98％の確率で100、2％の確率で10が得られる。リスク中立的投資家はこの社債の期待リターンが無リスク利子率と等しければ投資する。従って、

$$\frac{100 \times 0.98 + 10 \times 0.02}{1.04} \cong 94.42$$

が割引社債の価格である。割引社債の利回りおよびスプレッドは次のとおりになる（注）。

割引社債利回り $= 100 \div 94.42 - 1 \cong 5.9\%$

スプレッド $= 5.9 - 4.0 = 1.9\%$

（注）ここでは社債スプレッドをデフォルトリスクのみによって説明していますが、実際には流動性が乏しいことによるスプレッドも存在します。

練習問題　10-2　　　　　　　　　　　　　　　　　　　**過去問！**

　いまX社は年1回利払いで、残存年数2年の社債をパーで発行しようとしている。この社債の累積デフォルト率は1年で1％、2年で2％、デフォルトしたときの回収率はゼロと予想されている。リスクフリー・レート（スポットレート）は期間1年、期間2年とも4.0％であり、投資家はリスク中立的としたとき、この社債の利回りはいくらですか。

A　4.00％　　　B　4.06％　　　C　4.54％

D　5.06％　　　E　5.58％

（平成22年1次秋試験第4問Ⅰ問5）

（6）数表の見方・使い方

　最後に技術的な話ですが、アナリスト試験で試験問題の末尾に掲載される4種類の数表の見方と使い方を説明しましょう。数表の実物は102〜103頁にあります。

①複利終価表（付表1）

　これは、今日の1円を年1回複利でn年間運用するといくらになるかを示します。例えば7％の列と10年の行が交差するところを見ると、1.967とあり、約2円近くになることが分かります。

②複利現価表（付表2）

　こちらは逆にn年後の1円の今日における価値（現在価値）を示します。この表の右上の定義式に見るとおり、これは**割引係数**の表でもあります。例えば、5％、10年の項を見ると0.614とあります。ここから、10年割引債の複利最終利回りが5％なら価格は61.4（100×0.614）円であることが分かります。この価格は複利最終利回りが5％の10年利付債の元本部分の価格でもあります。

③年金終価表（付表3）

　この表は1年後から毎年末に1円が払われるとき、それを一定の利回りで複利運用したときの元利合計額を示しています。

④年金現価表（付表4）

　こちらは、1年後からn年間、毎年末に1円支払われる場合の現価を示しています。この表は利付債のクーポン部分価格の計算に利用できます。例えば、クーポン6％の10年債の利回りが5％のとき、この債券の価格のうちクーポン

部分は、46.332（6×7.722）円であることが分かります。7.722は5％と10年の交差項にある数字です。

　上記から数表を用いて債券価格の計算ができることが分かります。6％クーポン、10年債の利回りが5％の時、価格は元本部分の現価＋クーポン部分の現価になりますので、61.4＋46.332＝107.732円になります。

　以上で、債券利回りの説明はおしまいです。最後に過去問に挑戦してください。

練習問題　10－3　　　　　　　　　　　　　　　　　　　　　**過去問！**

　以下の問1～問7に解答しなさい。金利はすべて1年複利で計算し、利付債のクーポンは年1回払いとし、現在、国債市場から推計された金利は図表1のようである。なお、現在は利払い日直後とする。

図表1　国債市場から推計された金利

期間 t	t年のスポットレート	t-1年後スタートの1年物フォワードレート	1年後スタートのt-1年物フォワードレート	残存t年の割引国債の価格*	パーイールドの利付債の利回り
1年	5.00%	—	—	95.24円	5.00%
2年	5.50%	6.00%	6.00%	89.85円	5.49%
3年	6.00%	問2	6.50%	83.96円	問4
4年	5.80%	5.20%	6.07%	問3	5.79%
5年	問1	4.31%	5.63%	—	5.52%

＊額面はいずれも100円。

問1　5年のスポットレートはいくらですか。

　A　4.80%　　　　B　5.05%　　　　C　5.28%

　D　5.50%　　　　E　5.68%

問2　今から2年後スタート3年後までの1年物フォワードレートはいくらですか。

　A　5.00%　　　　B　5.50%　　　　C　6.00%

　D　6.51%　　　　E　7.01%

問3　現在、残存4年、額面100円の割引国債の価格はいくらですか。

A　76.51円　　　　B　78.61円　　　　C　79.21円

D　79.81円　　　　E　81.65円

問4　3年物パーイールド利付債の利回りはいくらですか。

A　5.75%　　　　B　5.86%　　　　C　5.96%

D　6.00%　　　　E　6.05%

問5　1年後のスポットレート・カーブが現在とまったく同じとき、いま残存
　　4年の割引国債（利回り5.8%）に投資した場合の1年間の所有期間利回り
　　はいくらですか。

A　5.00%　　　　B　5.20%　　　　C　5.50%

D　5.80%　　　　E　6.07%

問6　いま残存4年の割引国債（利回り5.8%）に投資するとして、この割引国
　　債の1年後の利回りが5.8%で変わらなかった場合、1年間の所有期間利回
　　りはいくらですか。

A　5.00%　　　　B　5.20%　　　　C　5.50%

D　5.80%　　　　E　6.07%

問7　1年後のスポットレート・カーブが現在のスポットレート・カーブから
　　予想されるとおりに（図表1の1年後スタートの $t-1$ 年物フォワードレ
　　ートのように）なったとしたときに、いま残存3年の割引国債（利回り
　　6.0%）に投資した場合の1年間の所有期間利回りはいくらですか。

A　5.00%　　　　B　5.20%　　　　C　5.50%

D　5.80%　　　　E　6.00%

　　（平成23年1次（春）第4問Ⅱ）

付表 1　複利終価表

$$FVCF_{r,n}=(1+r)^n$$

年数	年　当　た　り　利　率　(r)												
(n)	1%	2%	3%	4%	5%	6%	7%	8%	9%	10%	12%	15%	20%
1	1.010	1.020	1.030	1.040	1.050	1.060	1.070	1.080	1.090	1.100	1.120	1.150	1.200
2	1.020	1.040	1.061	1.082	1.103	1.124	1.145	1.166	1.188	1.210	1.254	1.323	1.440
3	1.030	1.061	1.093	1.125	1.158	1.191	1.225	1.260	1.295	1.331	1.405	1.521	1.728
4	1.041	1.082	1.126	1.170	1.216	1.262	1.311	1.360	1.412	1.464	1.574	1.749	2.074
5	1.051	1.104	1.159	1.217	1.276	1.338	1.403	1.469	1.539	1.611	1.762	2.011	2.488
6	1.062	1.126	1.194	1.265	1.340	1.419	1.501	1.587	1.677	1.772	1.974	2.313	2.986
7	1.072	1.149	1.230	1.316	1.407	1.504	1.606	1.714	1.828	1.949	2.211	2.660	3.583
8	1.083	1.172	1.267	1.369	1.477	1.594	1.718	1.851	1.993	2.144	2.476	3.059	4.300
9	1.094	1.195	1.305	1.423	1.551	1.689	1.838	1.999	2.172	2.358	2.773	3.518	5.160
10	1.105	1.219	1.344	1.480	1.629	1.791	1.967	2.159	2.367	2.594	3.106	4.046	6.192
11	1.116	1.243	1.384	1.539	1.710	1.898	2.105	2.332	2.580	2.853	3.479	4.652	7.430
12	1.127	1.268	1.426	1.601	1.796	2.012	2.252	2.518	2.813	3.138	3.896	5.350	8.916
13	1.138	1.294	1.469	1.665	1.886	2.133	2.410	2.720	3.066	3.452	4.363	6.153	10.699
14	1.149	1.319	1.513	1.732	1.980	2.261	2.579	2.937	3.342	3.797	4.887	7.076	12.839
15	1.161	1.346	1.558	1.801	2.079	2.397	2.759	3.172	3.642	4.177	5.474	8.137	15.407
16	1.173	1.373	1.605	1.873	2.183	2.540	2.952	3.426	3.970	4.595	6.130	9.358	18.488
17	1.184	1.400	1.653	1.948	2.292	2.693	3.159	3.700	4.328	5.054	6.866	10.761	22.186
18	1.196	1.428	1.702	2.026	2.407	2.854	3.380	3.996	4.717	5.560	7.690	12.375	26.623
19	1.208	1.457	1.754	2.107	2.527	3.026	3.617	4.316	5.142	6.116	8.613	14.232	31.948
20	1.220	1.486	1.806	2.191	2.653	3.207	3.870	4.661	5.604	6.727	9.646	16.367	38.338
25	1.282	1.641	2.094	2.666	3.386	4.292	5.427	6.848	8.623	10.835	17.000	32.919	95.396
30	1.348	1.811	2.427	3.243	4.322	5.743	7.612	10.063	13.268	17.449	29.960	66.212	237.376

付表 2　複利現価表

$$PVCF_{r,n}=(1+r)^{-n}$$

年数	年　当　た　り　利　率　(r)												
(n)	1%	2%	3%	4%	5%	6%	7%	8%	9%	10%	12%	15%	20%
1	0.990	0.980	0.971	0.962	0.952	0.943	0.935	0.926	0.917	0.909	0.893	0.870	0.833
2	0.980	0.961	0.943	0.925	0.907	0.890	0.873	0.857	0.842	0.826	0.797	0.756	0.694
3	0.971	0.942	0.915	0.889	0.864	0.840	0.816	0.794	0.772	0.751	0.712	0.658	0.579
4	0.961	0.924	0.888	0.855	0.823	0.792	0.763	0.735	0.708	0.683	0.636	0.572	0.482
5	0.951	0.906	0.863	0.822	0.784	0.747	0.713	0.681	0.650	0.621	0.567	0.497	0.402
6	0.942	0.888	0.837	0.790	0.746	0.705	0.666	0.630	0.596	0.564	0.507	0.432	0.335
7	0.933	0.871	0.813	0.760	0.711	0.665	0.623	0.583	0.547	0.513	0.452	0.376	0.279
8	0.923	0.853	0.789	0.731	0.677	0.627	0.582	0.540	0.502	0.467	0.404	0.327	0.233
9	0.914	0.837	0.766	0.703	0.645	0.592	0.544	0.500	0.460	0.424	0.361	0.284	0.194
10	0.905	0.820	0.744	0.676	0.614	0.558	0.508	0.463	0.422	0.386	0.322	0.247	0.162
11	0.896	0.804	0.722	0.650	0.585	0.527	0.475	0.429	0.388	0.350	0.287	0.215	0.135
12	0.887	0.788	0.701	0.625	0.557	0.497	0.444	0.397	0.356	0.319	0.257	0.187	0.112
13	0.879	0.773	0.681	0.601	0.530	0.469	0.415	0.368	0.326	0.290	0.229	0.163	0.093
14	0.870	0.758	0.661	0.577	0.505	0.442	0.388	0.340	0.299	0.263	0.205	0.141	0.078
15	0.861	0.743	0.642	0.555	0.481	0.417	0.362	0.315	0.275	0.239	0.183	0.123	0.065
16	0.853	0.728	0.623	0.534	0.458	0.394	0.339	0.292	0.252	0.218	0.163	0.107	0.054
17	0.844	0.714	0.605	0.513	0.436	0.371	0.317	0.270	0.231	0.198	0.146	0.093	0.045
18	0.836	0.700	0.587	0.494	0.416	0.350	0.296	0.250	0.212	0.180	0.130	0.081	0.038
19	0.828	0.686	0.570	0.475	0.396	0.331	0.277	0.232	0.194	0.164	0.116	0.070	0.031
20	0.820	0.673	0.554	0.456	0.377	0.312	0.258	0.215	0.178	0.149	0.104	0.061	0.026
25	0.780	0.610	0.478	0.375	0.295	0.233	0.184	0.146	0.116	0.092	0.059	0.030	0.010
30	0.742	0.552	0.412	0.308	0.231	0.174	0.131	0.099	0.075	0.057	0.033	0.015	0.004

$$FVAF_{r,n} = \frac{(1+r)^n - 1}{r}$$

付 表 3　　年 金 終 価 表

年数 (n)	年 当 た り 利 率 (r)												
	1%	2%	3%	4%	5%	6%	7%	8%	9%	10%	12%	15%	20%
1	1.000	1.000	1.000	1.000	1.000	1.000	1.000	1.000	1.000	1.000	1.000	1.000	1.000
2	2.010	2.020	2.030	2.040	2.050	2.060	2.070	2.080	2.090	2.100	2.120	2.150	2.200
3	3.030	3.060	3.091	3.122	3.153	3.184	3.215	3.246	3.278	3.310	3.374	3.473	3.640
4	4.060	4.122	4.184	4.246	4.310	4.375	4.440	4.506	4.573	4.641	4.779	4.993	5.368
5	5.101	5.204	5.309	5.416	5.526	5.637	5.751	5.867	5.985	6.105	6.353	6.742	7.442
6	6.152	6.308	6.468	6.633	6.802	6.975	7.153	7.336	7.523	7.716	8.115	8.754	9.930
7	7.214	7.434	7.662	7.898	8.142	8.394	8.654	8.923	9.200	9.487	10.089	11.067	12.916
8	8.286	8.583	8.892	9.214	9.549	9.897	10.260	10.637	11.028	11.436	12.300	13.727	16.499
9	9.369	9.755	10.159	10.583	11.027	11.491	11.978	12.488	13.021	13.579	14.776	16.786	20.799
10	10.462	10.950	11.464	12.006	12.578	13.181	13.816	14.487	15.193	15.937	17.549	20.304	25.959
11	11.567	12.169	12.808	13.486	14.207	14.972	15.784	16.645	17.560	18.531	20.655	24.349	32.150
12	12.683	13.412	14.192	15.026	15.917	16.870	17.888	18.977	20.141	21.384	24.133	29.002	39.581
13	13.809	14.680	15.618	16.627	17.713	18.882	20.141	21.495	22.953	24.523	28.029	34.352	48.497
14	14.947	15.974	17.086	18.292	19.599	21.015	22.550	24.215	26.019	27.975	32.393	40.505	59.196
15	16.097	17.293	18.599	20.024	21.579	23.276	25.129	27.152	29.361	31.772	37.280	47.580	72.035
16	17.258	18.639	20.157	21.825	23.657	25.673	27.888	30.324	33.003	35.950	42.753	55.717	87.442
17	18.430	20.012	21.762	23.698	25.840	28.213	30.840	33.750	36.974	40.545	48.884	65.075	105.931
18	19.615	21.412	23.414	25.645	28.132	30.906	33.999	37.450	41.301	45.599	55.750	75.836	128.117
19	20.811	22.841	25.117	27.671	30.539	33.760	37.379	41.446	46.018	51.159	63.440	88.212	154.740
20	22.019	24.297	26.870	29.778	33.066	36.786	40.995	45.762	51.160	57.275	72.052	102.444	186.688
25	28.243	32.030	36.459	41.646	47.727	54.865	63.249	73.106	84.701	98.347	133.334	212.793	471.981
30	34.785	40.568	47.575	56.085	66.439	79.058	94.461	113.283	136.308	164.494	241.333	434.745	1181.882

$$PVAF_{r,n} = \frac{1 - (1+r)^{-n}}{r}$$

付 表 4　　年 金 現 価 表

年数 (n)	年 当 た り 利 率 (r)												
	1%	2%	3%	4%	5%	6%	7%	8%	9%	10%	12%	15%	20%
1	0.990	0.980	0.971	0.962	0.952	0.943	0.935	0.926	0.917	0.909	0.893	0.870	0.833
2	1.970	1.942	1.913	1.886	1.859	1.833	1.808	1.783	1.759	1.736	1.690	1.626	1.528
3	2.941	2.884	2.829	2.775	2.723	2.673	2.624	2.577	2.531	2.487	2.402	2.283	2.106
4	3.902	3.808	3.717	3.630	3.546	3.465	3.387	3.312	3.240	3.170	3.037	2.855	2.589
5	4.853	4.713	4.580	4.452	4.329	4.212	4.100	3.993	3.890	3.791	3.605	3.352	2.991
6	5.795	5.601	5.417	5.242	5.076	4.917	4.767	4.623	4.486	4.355	4.111	3.784	3.326
7	6.728	6.472	6.230	6.002	5.786	5.582	5.389	5.206	5.033	4.868	4.564	4.160	3.605
8	7.652	7.325	7.020	6.733	6.463	6.210	5.971	5.747	5.535	5.335	4.968	4.487	3.837
9	8.566	8.162	7.786	7.435	7.108	6.802	6.515	6.247	5.995	5.759	5.328	4.772	4.031
10	9.471	8.983	8.530	8.111	7.722	7.360	7.024	6.710	6.418	6.145	5.650	5.019	4.192
11	10.368	9.787	9.253	8.760	8.306	7.887	7.499	7.139	6.805	6.495	5.938	5.234	4.327
12	11.255	10.575	9.954	9.385	8.863	8.384	7.943	7.536	7.161	6.814	6.194	5.421	4.439
13	12.134	11.348	10.635	9.986	9.394	8.853	8.358	7.904	7.487	7.103	6.424	5.583	4.533
14	13.004	12.106	11.296	10.563	9.899	9.295	8.745	8.244	7.786	7.367	6.628	5.724	4.611
15	13.865	12.849	11.938	11.118	10.380	9.712	9.108	8.559	8.061	7.606	6.811	5.847	4.675
16	14.718	13.578	12.561	11.652	10.838	10.106	9.447	8.851	8.313	7.824	6.974	5.954	4.730
17	15.562	14.292	13.166	12.166	11.274	10.477	9.763	9.122	8.544	8.022	7.120	6.047	4.775
18	16.398	14.992	13.754	12.659	11.690	10.828	10.059	9.372	8.756	8.201	7.250	6.128	4.812
19	17.226	15.678	14.324	13.134	12.085	11.158	10.336	9.604	8.950	8.365	7.366	6.198	4.843
20	18.046	16.351	14.877	13.590	12.462	11.470	10.594	9.818	9.129	8.514	7.469	6.259	4.870
25	22.023	19.523	17.413	15.622	14.094	12.783	11.654	10.675	9.823	9.077	7.843	6.464	4.948
30	25.808	22.396	19.600	17.292	15.372	13.765	12.409	11.258	10.274	9.427	8.055	6.566	4.979

第11章　オプション価格

　オプションはプットとコールに分かれ、それぞれに売りと買いがあるので慣れないうちは混乱します。さらに、オプション同士やオプションと原資産との組み合わせで様々なポジションが取れるので、これらを理解するのも一苦労です。ただし、オプション価格についての数量的問題は、2項過程、原資産と借り入れによるオプションの複製、状態価格、リスク中立確率、プット・コール・パリティにしぼられます。本章ではこうした数量的問題のみを説明します。

（1）オプションの基礎

　本章では次の記号・用語を用います。簡単な定義は示しますが、それだけではピンとこない方は、証券分析のテキストでオプションの仕組み等を復習するようにしてください。

C	コール・オプション（買う権利）の価格（プレミアム）
P	プット・オプション（売る権利）の価格（プレミアム）
S	原資産価格
K	行使価格
$C = Max(S - K, 0)$	満期時におけるコール・オプション価格は、（原資産価格－行使価格）または0の大きい方になる
$P = Max(K - S, 0)$	満期時におけるプット・オプション価格は、（行使価格－原資産価格）または0の大きい方になる
ATM (at the money)	原資産価格＝行使価格
ITM (in the money)	原資産価格＞行使価格（コールの場合、プットの場合は逆）
OTM (out of the money)	原資産価格＜行使価格（コールの場合、プットの場合は逆）
本質価値（intrinsic value）	オプションが ITM の時に生じる価値
時間価値（time value）	オプションが満期になると消滅する価値
ヨーロピアンタイプ	オプションの行使は満期時に限られる

アメリカンタイプ　　　　オプションは満期までの間にいつでも行使できる

　図表11－1に上記概念の主なものを図示してあります。また、**図表11－2**には満期（取引最終日）時におけるオプションの買い手・売り手の損益を支払＝受取オプション・プレミアム込みで示しました。コールとプットは対称的であること、また、**図表11－2**から、コールの買いとプットの売りを組み合わせれば、合成ペイオフは原資産の買い持ち（ロング）にほぼ等しくなること、逆にコールの売りとプットの買いを組み合わせれば原資産の売り持ち（ショート）にほぼ等しくなることを確認してください。

図表11－1　オプションの価値

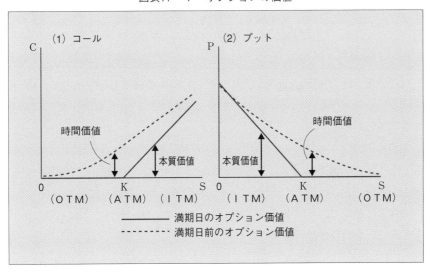

図表11－2　満期時における損益

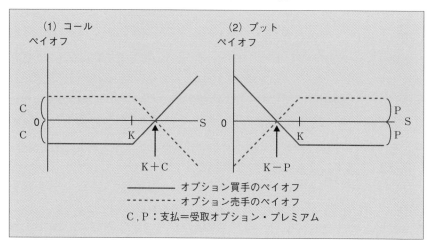

（2）　2項過程

　現在、ある株の株価は100円で、1年後には60％の確率で130円、40％の確率で80円になると予想されているとします（**図表11－3**）。このようなモデルを2項過程と呼びます。

　この時に、現在のコール・オプション（行使価格100円）の価格はいくらになるでしょうか。**図表11－4**に見るとおり、1年後に60％の確率で30円儲かり、40％の確率で損益0円となるオプションの現時点での価格を求めるわけです。この株式は無配で、オプションはヨーロピアンタイプ、無リスク利子率（年率1％）で資金の貸借が可能とします。

図表11－3　2項過程における株価

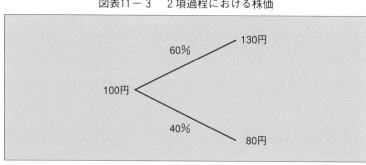

図表11－4　2項過程におけるコール・オプション価値

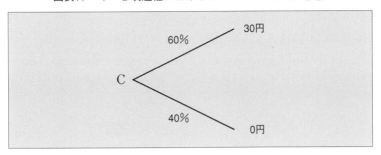

$$
C \begin{cases}
\nearrow\ 60\%\ \cdots\cdots\ 30円 \\
\searrow\ 40\%\ \cdots\cdots\ 0円
\end{cases}
$$

　この問題は、原資産と借入れ（貸付け）によるオプションの複製、または（理論的には同じことなのですが）状態価格、リスク中立確率を用いて解くことができます。これから3つの解法を示しますが、驚くべきことに共に株価が60%で上昇、40%で下落という確率は解答に不必要です。ここが、オプション価格理論のポイントなのでしっかり理解してください。

コラム　二項モデルとブラック=ショールズ公式

　オプションの価格評価に二項過程を最初に使ったのは実はCAPMの発明者であるウィリアム・シャープでした。シャープは海辺を散策中にそのアイディアを思いついたそうです。そのアイディアを受けて、二項モデルを完成した形で世に発表したのはコックス、ロス、ルビンスタインの3人でした。彼らは論文の中で、オプション価格は現実の確率や投資家のリスク選好に依存しないこと、リスク中立確率に依存すること、そして時間の刻みを細かくしていくとブラック=ショールズのオプション公式に収束することを証明しました。ブラック=ショールズ公式の発表から6年後、1979年の出来事でした。

　余談ですが、ブラック=ショールズ公式の発明者であるマイロン・ショールズはその業績を讃えられ1997年にノーベル経済学賞を受賞しましたが、残念なことにフィッシャー・ブラックはその2年前にガンで他界しており、受賞をすることが出来ませんでした。しかし、彼が現代ファイナンス理論を大きく発展させた功績は、ブラック=ショールズ公式とともに後世に語り継がれていくことでしょう。

（3）オプションの複製

　原資産（株式）の購入と資金の借入れによって、満期時にコール・オプションと同じペイオフ(注)をもたらすポジションをつくります。株式は細かい単位での売買が可能とします。行使価格を100、株式の購入数をΔ（デルタ）、借入金額Bとすると、

$$130\Delta+(1+0.01)B=30 \qquad \text{株価上昇時のペイオフ}$$
$$80\Delta+(1+0.01)B=0 \qquad \text{株価下落時のペイオフ}$$

を満たすΔ, Bを求めれば良いわけです。0.01は無リスク利子率です。上の式から下の式を引くと、$\Delta=0.6$、つまり株式は0.6単位買うことになります。$\Delta=0.6$をいずれかの式に代入すると、$B\cong-47.52$が得られます。マイナスは資金の借入を意味します。

　本当に上記と同じペイオフをもたらしたかどうか検算してみましょう。

$$130\times0.6+1.01\times(-47.52)\cong30$$
$$80\times0.6+1.01\times(-47.52)\cong0$$

大丈夫でしたね。ところで、そもそもの問題はコール・オプションの価格でした。ここで、裁定取引が働けば上のポジションに必要な資金とコール・オプション価格は等しくなるはずと考えます。すなわち、

$$100\times0.6+(-47.52)=12.48$$

12.48円が求める答えになります。100円の株を0.6株買うと同時に47.52円の借入を行うので必要な資金量は12.48円。これがコール・オプション価格と等しくなります。

　プット・オプションの場合も同じようにうまく計算できるのでしょうか。プット（同じく行使価格100円）の場合には、60％の確率（株価上昇時）で0円、40％の確率（株価下落時）で20円のペイオフが生じます（**図表11−5**）。これを原資産と借入金で複製するためには

$$130\Delta+(1+0.01)B=0$$
$$80\Delta+(1+0.01)B=20$$

を満たすΔ, Bを求めることになります。計算をすると、

(注)　ペイオフ(pay off)はここでは満期日のキャッシュフローを意味します。ただし、図表11−2のように支払(受取)済オプション・プレミアムを含めた損益をペイオフと呼ぶこともあります。

$\Delta = -0.4$

$B \cong 51.49$

となります。こんどは Δ がマイナス、B がプラスですが、これは株式を0.4株空売りすると同時に51.49円の貸付を行うことを意味します。必要な資金量＝プット・オプション価格は、

図表11－5　2項過程におけるプット・オプション価値

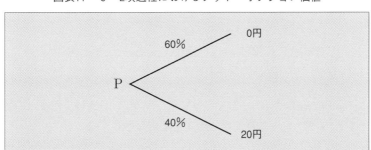

$100 \times (-0.4) + 51.49 = 11.49$

で、11.49円となります。

　これまでの結果で、コールの時に株式を0.6株買い、プットの時には0.4株売りました。絶対値を取ると合計1になります。この関係は常に成立することを覚えておいてください。

（4）状態価格

　図表11－6に示したような2種類の証券があるとします。証券1は1年後上の状態が実現したときにのみ1円もらえる証券です。一方、証券2は1年後下の状態が実現したときにのみ1円もらえる証券です。このように、将来ある1つの状態が実現したときにのみに1円もらえる証券のことを状態依存型請求権、あるいは発明者の名前をとってアロー・ドブルー（Arrow-Debreu）証券と呼びます。

図表11－6

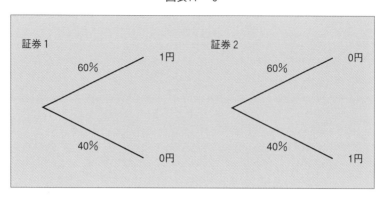

　さて、今度はこの２つの証券を組み合わせて、満期時に原資産の株式と同じ
ペイオフをもたらすポジションを作ってみましょう。株式は１年後上の状態が
実現すると130円、下の状態が実現すると80円になりますので、アロー・ドブ
ルー証券１を130単位とアロー・ドブルー証券２を80単位買うと満期時に株式
と同じペイオフができます。いま、アロー・ドブルー証券１がq_1円、アロー・
ドブルー証券２がq_2円の値段がついているとします。すると、裁定取引が働け
ば上のポジションに必要な資金と現在の株価は等しくなるはずです。すなわち、

$$130 \times q_1 + 80 \times q_2 = 100 \qquad （1）$$

という等式が成り立つはずです。q_1、q_2は各状態のアロー・ドブルー証券の現
在の価格を表わし、**状態価格**と呼びます。

　同じように、１年後満期で額面１円の割引国債を考えてみましょう。国債は
無リスクですので、株価とは違って将来上下どちらの状態が実現しても必ず１
円返ってきます。割引国債の価格は額面を無リスク利子率で割り引いて計算さ
れるので、この例では１年後満期の割引国債の価格は

$$\frac{1}{(1+0.01)} = 0.9901$$

0.9901円になります。一方で、アロー・ドブルー証券1とアロー・ドブルー証券
２を１単位ずつ買うと満期時に割引国債と同じペイオフをもたらすポジション
ができますので、無裁定条件から、

$$1 \times q_1 + 1 \times q_2 = 0.9901 \qquad （2）$$

という関係式が導かれます。

　さて、問題で求めたいのはコール・オプションの価格でした。コール・オプションは1年後上の状態が実現すると30円、下の状態が実現すると0円になりますので、アロー・ドブルー証券1を30単位とアロー・ドブルー証券2を0単位買うと満期時にコール・オプションと同じペイオフをもたらすポジションができます。無裁定条件から、このコール・オプションの価格は、

$$C = 30 \times q_1 + 0 \times q_2 \qquad （3）$$

で計算できるはずです。あとは、状態価格q_1、q_2が分かればいいわけですね。q_1、q_2は原資産と割引国債の価格（(1)式と(2)式）から計算できます。この連立方程式を解くと、$q_1 = 0.41584$、$q_2 = 0.57426$と求まります。従って、コール・オプションの価格は、

$$C = 30 \times 0.41584 + 0 \times 0.57426 \cong 12.48$$

で、前節の方法で求めた場合と同額の12.48円になります。

　プットの場合も計算してみましょう。今度は1年後上の状態が実現すると0円、下の状態が実現すると20円になりますので、アロー・ドブルー証券1を0単位とアロー・ドブルー証券2を20単位買うと満期時にプット・オプションと同じペイオフをもたらすポジションができます。無裁定条件から、このプット・オプションの価格は、

$$P = 0 \times 0.41584 + 20 \times 0.57426 \cong 11.49$$

で、やはり前節と同じ11.49円になります。

問1　時点0と時点1の2時点からなり、時点1において状態1と状態2の2つの状態がある不確実な経済を考える。時点0から時点1へのリスクフリー・レートは10％とする。時点1の状態1で550円、状態2で220円の利得をもたらす株式の時点0の価格が380円であるとすると（下図参照）、裁定取引の機会がないとき、時点1の状態1の状態価格はいくらですか。

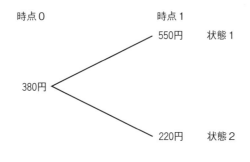

　A　2／11円　　　　B　3／11円　　　　C　4／11円

　D　5／11円　　　　E　6／11円

問2　問1と同じ経済を想定するとき、時点1の状態1で440円、状態2で0円の利得をもたらす株式の時点0の価格はいくらですか。ただし、裁定取引の機会はないものとする。

　A　240円　　　　B　250円　　　　C　260円

　D　270円　　　　E　280円

問3　問1と同じ経済を想定する。時点0から時点1へのリスクフリー・レートは10％である。このとき、問1で与えられた株式と無リスク資産のポートフォリオで、時点1の状態1で0円、状態2で110円の利得をもたらすもの（次頁参照）を構成するには、時点0において株式と無リスク資産をどのように取引しなくてはならないか。次の記述のうち、正しいものはどれですか。ただし、無リスク資産1単位の時点0における価格は100円であるとし（つまり時点0に無リスク資産を1単位購入すると、時点1に確

実に110円受け取れるとし）、借入れや空売りは自由で、取引費用もかからないものとする。

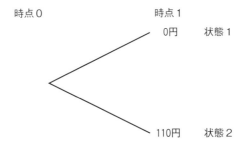

A　株式を3分の5単位購入し、無リスク資産を3分の1単位空売りする。

B　株式を2分の1単位空売りし、無リスク資産を2分の5単位購入する。

C　株式を2分の5単位購入し、無リスク資産を2分の1単位空売りする。

D　株式を3分の1単位空売りし、無リスク資産を3分の5単位購入する。

（平成23年1次春試験『経済』第1問問11〜13。状態価格の問題は『経済』と『証券分析とポートフォリオ・マネジメント』の両方で出題対象になっています。）

（5）リスク中立確率

　ここでは、状態価格を少し変形して、もっと計算しやすくすることを考えてみましょう。そこで、状態価格q_1、q_2を二つの状態価格の合計（q_1+q_2）で割って、新たにq^*_1、q^*_2を作ります。すなわち、

$$q^*_1 = \frac{q_1}{(q_1+q_2)}$$

$$q^*_2 = \frac{q_2}{(q_1+q_2)} = 1 - q^*_1$$

こうして作られたq^*_1、q^*_2は足し合わせると1になることから、まるで「確率」みたいに見えるので**リスク中立確率**と呼ばれます。

　さて、リスク中立確率q^*_1、q^*_2を使うと、株価（(1)式）とコール・オプショ

ンの価格（(3)式）は次のようになります（注 1 ）。

$$100=\frac{130\times q^*_1+80\times(1-q^*_1)}{(1+0.01)} \qquad (4)$$

$$C=\frac{30\times q^*_1+0\times(1-q^*_1)}{(1+0.01)} \qquad (5)$$

リスク中立確率を使うとどんな**金融資産**でも、リスク中立確率を使って将来のペイオフの期待値を取り、それを無リスク利子率で割り引けば現在の価格になります（注 2 ）。

　あとはq^*_1が分かればコール・オプションの価格が求まりますね。リスク中立確率を使う方法では連立方程式を解く必要はありません。q^*_1は原資産の価格（(4)式）からq^*_1=0.42と簡単に求まります。これを(5)式に代入すると、

$$C=\frac{1}{(1+0.01)}\times\{30\times0.42+0\times0.58\}\cong12.48$$

なんと、オプションの複製や状態価格を使った場合と同じ12.48円という答えが出てきます。プットの場合も計算してみましょう。

$$P=\frac{1}{(1+0.01)}\{0\times0.42+20\times0.58\}\cong11.49$$

やはり、ここでも同じ11.49円という答えになります。オプションの複製、状態価格、リスク中立確率は計算方法こそ違いますが、ともに同じ無リスク利子率における無裁定条件の成立を前提としているので同じ結果が出るのです。

　リスク中立確率の一般式は次のとおりです。

$$q^*_1=\frac{(1+r)-d}{u-d}$$

（注 1 ）リスク中立確率q^*_1、q^*_2を使うと、株価（(1)式）とコール・オプションの価格（(3)式）は次のように書けます。
　　　$100=(q_1+q_2)\times\{130\times q^*_1+80\times(1-q^*_1)\}$
　　　$C=(q_1+q_2)\times\{30\times q^*_1+0\times(1-q^*_1)\}$
　　ここで、状態価格の合計(q_1+q_2)は割引国債の価格に等しい（(2)式）ことから、(4)式と(5)式が出てきます。

（注 2 ）どのようなリスク特性をもつ金融資産であろうと、常に割引率として無リスク利子率を使う投資家をリスク中立的な投資家と言います。(4)式、(5)式はまるで、リスク中立確率で将来を予測しているあるリスク中立的な投資家がいて、そのひとがあらゆる証券の値付けをしているように見えます。このことから、このプライシング公式のことを**リスク中立割引公式**と呼びます。このリスク中立な投資家が使う確率という意味で、q^*_1、q^*_2をリスク中立確率と呼ぶのです。

ここで r は無リスク利子率、u, d はぞれぞれ株価の上昇率と下落率です。これまでの問題の数字を用いて確かめてみましょう。

$$q^*_1 = \frac{(1+0.01) - \frac{80}{100}}{\frac{130}{100} - \frac{80}{100}} = \frac{1.01 - 0.8}{1.3 - 0.8} = 0.42$$

同じ結果が得られましたね。この一般式を、（1プラス率引くダウン）割る（アップ引くダウン）、と覚える人もいます。（注3）。

これまで説明した2項過程は、かなり特殊なモデルと感じられるかもしれませんが、期間と値動きの単位を短くしていけば現実の株価の動きに近づけることができます。実際、オプション取引で広く用いられるブラック＝ショールズ・モデルは連続時間における2項過程モデルととらえることができます。ブラック＝ショールズ・モデルについては第16章（10）（184頁）で概略を説明します。

注意！　オプションの価格を求める際に使う確率はリスク中立確率であって、現実の確率を使うことは絶対にありません。

練習問題　11-2　　　　　　　　　　　　　　　　　　　　　　**過去問！**

問1　100円で取引されている株式が、1年後に115円に上昇する場合と、87円に下落する場合を想定した、1期間の2項モデルを考える。期間1年のリスクフリー・レートが1％（年率）であり、期中の配当はないものとする。1年後に株価が115円となるリスク中立確率はいくらですか。

A　30％　　　　B　35％　　　　C　40％

D　45％　　　　E　50％

問2　現在の株価が100円、株価の1年当たり上昇率が10％、下落率が10％とする。リスクフリー・レートを5％とすると、株価が最初の1年間に上昇し、その後1年間に下落する「リスク中立確率」はいくらですか。ただし、株価の変化は独立である。

（注3）リスク中立確率の一般式は、$q^*_1 = \dfrac{r - d}{u - d}$ と表記する場合もあります。この場合は、$u = 0.3, d = -0.2$ を用いるので、混乱しないように注意してください。

先の例では、$q^*_1 = \dfrac{0.01 - (-0.2)}{0.3 - (-0.2)} = 0.42$ となって、当然ですが結果は同じです。

A　0.0625　　　B　0.1875　　　C　0.2500

D　0.5000　　　E　0.5625

（平成22年1次秋試験第5問Ⅰ問7、平成23年1次春試験第5問Ⅰ問3）

（6）リスク中立確率と実際の確率

図表11−3（106頁）では、現在100円の株価は1年後には60%の確率で130円になり、40%の確率で80円になると説明しました。その後、リスク中立確率では、上昇確率は42%、下降確率は58%と説明し、この確率を用いてオプション価格が導かれることを示しました。それでは、実際の確率は全く無意味でインチキなのでしょうか。実は、リスクプレミアムという概念を導入すると、実際の確率とリスク中立確率は両立するのです。

リスク中立確率を用いると、1年後の株価の期待値（確率で加重平均した平均値）は、

130×0.42+80×0.58=101円

になります。これを、無リスク利子率である1%で割り引くと、現在の株価100円が導かれます(101÷1.01=100)。これって、ちょっとおかしいと思いませんか。無リスク利子率は国債等の無リスク資産に適用すべきなのに、1年後に130円になるか、80円になるか分からないリスク資産に適用していますね。これは、リスク中立型の投資家を想定しているためです。ここから、ある著者はリスク中立確率を「市場の神様の確率」と呼んでいます（注）。神様は、膨大な資産を持ち、未来永劫に渡って投資を繰り返すのでリスク資産にも無リスク利子率で投資できるわけですね。

これに対し、限られた資産を短い人生の間に投資する私達投資家は、リスク回避型投資家なので、リスク資産にはリスクプレミアムを要求します。実際の確率を用いた1年後の株価の期待値は、

130×0.60+80×0.40=110円

になります。これを、10%で割引くと現在の株価は100円になります。つまり、一般投資家は1%の無リスク利子率に9%のリスクプレミアムを上乗せして、期待収益率10%で株を買うというわけですね。このように考えれば、実際の確率

（注）小林孝雄・本多俊樹『現代ポートフォリオ理論』アナリスト協会第1次レベル通信教育テキスト、第5章。

とリスク中立確率は矛盾なく両立します。ただし、実際の確率やリスクプレミアムを正確に求めることは困難です。その点、リスク中立確率は無リスク利子率と市場価格から簡単に求められます。リスク中立確率という考え方は、理論的に大きなブレークスルーでしたが、実務的にもオプションの理論価格計算を容易にし、市場の拡大をもたらすという大きな影響を与えました。

（7）プット・コール・パリティ

プットとコールは双子の兄弟のような存在で両者の価格にも一定の関係があり、これをプット・コール・パリティと呼びます（注）。この関係は裁定取引から導かれます。

① コールを売る

② プットを買う

③ 株式を買う（満期日には売る）

④ 行使価格の現在価値相当額を借り入れる（満期日には返済する）

というポジションを取ります。このポジションの満期日における損益を示すと**図表11－7**のとおりになります。

図表11－7　プット・コール・パリティのポジション

ポジション	今　日	満期日	
		$S_T \geq K$	$S_T < K$
コール売り	C	$-(S_T - K)$	0
プット買い	$-P$	0	$K - S_T$
株式（買い→売り）	$-S_0$	S_T	S_T
借入→返済	$K/(1+r)$	$-K$	$-K$
合　　計	？	0	0

この表でプラスはキャッシュの流入、マイナスは流出を意味します。満期日には株価がいくらかに関わらずキャッシュフローの合計は必ず0になります。ということは、「？」マークを入れた今日のキャッシュフローの合計額はいく

（注）ただし、プットとコールは原資産株式、行使価格、満期が同じヨーロピアンタイプで、かつ原資産株式に期間中配当はないものとする。

らになりますか。そう、0になりますね。万一、0でなければ裁定取引が行われてすぐに0になるでしょう。ここから、次のプット・コール・パリティが成立します。

$$C - P - S_0 + K\!\!\Big/\!(1+r) = 0$$

$$C = P + S_0 - K\!\!\Big/\!(1+r) \qquad （注）$$

$$P = C - S_0 + K\!\!\Big/\!(1+r)$$

これまで用いてきた例で、プット・コール・パリティが成立しているかどうか確認してみましょう。

$$C = P + S_0 - K\!\!\Big/\!(1+r) = 11.49 + 100 - 100\!\!\Big/\!(1+0.01) = 12.48$$

見事に成立していました。

練習問題　11－3　　　　　　　　　　　　　　　　　　　　　　**過去問！**

問1　行使価格が110円、満期までの期間が1年、1年物リスクフリー・レートが10%、現在時点の株価が100円であるとき、ヨーロピアン・プットオプション価格とコールオプションの価格差はいくらになりますか。ただし、原資産から配当や利払いはないものとする。

A　－20円　　　　B　0円　　　　C　10円

D　21円　　　　E　41円

問2　満期1年、行使価格が101円のコールオプション価格が20円、プットオプション価格が10円とする。リスクフリー・レートが1%のとき、無裁定条件を満たす原資産価格はいくらですか。ただし、この原資産は配当を支払わないとする。

A　70円　　　　B　90円　　　　C　110円

D　121円　　　　E　131円

（平成21年1次秋試験第5問Ⅰ問4、平成23年1次春試験第5問Ⅰ問1）

（注）この式をCはPiss（P＋S$_0$）引くKiss（K/(1＋r)）と覚える人がいます。あまりキレイな語呂合わせではありませんね。

第 III 部

ポートフォリオの管理

第Ⅲ部の概要と学習の目標

　第Ⅲ部ではこれまでの個別資産についての知識を前提にポートフォリオの管理について学びます。必要な数学、統計学のレベルも少し高くなりますが、この部分が現代投資理論の核心ですので、しっかりと学習してください。

　「第12章＜統計学基礎２＞分散と共分散」では、第３章で学んだ分散の知識に基づき、２つ以上の資産に投資する場合のリスク指標となる共分散について学習します。

　「第13章株式ポートフォリオの管理」では第12章の知識を前提に平均分散アプローチ、CAPM、ファクターモデルといった株式ポートフォリオの管理に必須な概念を習得します。さらに、この章では、シャープレシオや情報比、効用関数とリスク許容度等のポートフォリオ管理全般に共通して用いられる重要な概念も学びます。

　「第14章＜数学基礎４＞微分・デュレーション・コンベクシティと積分」は数学基礎の最後の章です。ここでは、主として債券ポートフォリオ管理に必須な知識という観点から微分を学びますが、変化率を把握する手法としての微分およびその兄弟分である積分は、証券分析および経済学で幅広く用いられますので十分に習熟するようにしてください。

　「第15章債券ポートフォリオの管理」は第14章で学んだデュレーション・コンベクシティをフルに活用して債券ポートフォリオ管理に特有の問題を考えます。

　「第16章＜統計学基礎３＞統計学とポートフォリオ管理」ではポートフォリオ管理に活用される統計学の諸概念を身近な例を用いながら解説します。この章は本書の山場のひとつです。統計学を勉強したことのない人にはちょっと大変かもしれませんが、この山を越えなければ展望は開けません。腰を据えて取り組んでください。

　「第17章＜統計学基礎４＞回帰分析と多変量解析」はちょっとアドバンストな内容も含みますが、概念を良く理解するようにしてください。

　「第18章信用リスクモデル」は２次レベルで扱う難しいトピックです。これまでの学習の集大成として考え方を良く理解してください。

第12章　＜統計学基礎　2＞　分散と共分散

　　A 株を50万円、*B* 株を50万円購入して、100万円の株式ポートフォリオを構築します。*A* 株の期待リターンは12%、リスク（標準偏差）は17.4%、*B* 株はそれぞれ8 %、8.9%だとしましょう。このとき、ポートフォリオの期待リターンとリスクはいくらになるでしょうか。

　　結論を言うと期待リターンは*A*、*B* 株平均の10%になります。リスクはどうなりますか。答えは*A* 株と*B* 株の株価変動の連動性によって異なります。これを把握するためには共分散（Covariance）や相関係数の知識が必要です。具体例を通じて学びましょう。

（1）共分散

例題1：*A* 株と*B* 株に等金額を投資しポートフォリオを組もうとしている。今後1年間の経済は好景気（確率30%）、順調（同50%）、不況（同20%）の3シナリオが考えられる。各シナリオの確率は所与の定数とする。それぞれのシナリオにおける*A*、*B* 株の収益率は下表のとおりである。

	好景気	順　調	不　況
A 株	30%	14%	− 20%
B 株	20%	6%	− 5%

問1：*A* 株、*B* 株およびポートフォリオの期待収益率を求めなさい。

解答：*A* 株の期待収益率 $= 0.3×30\% + 0.5×14\% + 0.2×(-20\%) = 12\%$

　　　　B 株の期待収益率 $= 0.3×20\% + 0.5×6\% + 0.2×(-5\%) = 8\%$

　　　　ポートフォリオの期待収益率 $= 12\%×0.5 + 8\%×0.5 = 10\%$

問2：*A* 株と*B* 株の分散と標準偏差を求めなさい。

（ヒント）各シナリオの確率を用いて計算します。

解答：*A* 株の分散 $= 0.3×(30-12)^2 + 0.5×(14-12)^2 + 0.2×(-20-12)^2$

　　　　　　　　　　$= 97.2 + 2 + 204.8 = 304$

$$A \text{ 株の標準偏差} = \sqrt{304} \cong 17.4$$

$$B \text{ 株の分散} = 0.3 \times (20-8)^2 + 0.5 \times (6-8)^2 + 0.2 \times (-5-8)^2$$

$$= 43.2 + 2 + 33.8 = 79$$

$$B \text{ 株の標準偏差} = \sqrt{79} \cong 8.9$$

問3：A 株と B 株の共分散を求めなさい。

（解説）共分散は次のように計算します（注）。

生起確率×｜（個々のA）－（A の期待値）｜×｜（個々のB）－（Bの期待値）｜

例題に即して式で表わすと次のとおりとなります。なお、3シナリオ（好景気〜不況）の確率を p とします。

$$Cov(A,B) = \sum_{i=1}^{3} p_i(a_i - E(A))(b_i - E(B)) \quad \text{ただし、} \sum_{i=1}^{3} p_i = 1 \text{（生起確率の合計が1）}$$

例えばA株の分散は、$Var(A) = \sum_{i=1}^{3} p_i(a_i - E(A))(a_i - E(A))$ ですから、共分散は掛け算の相手を自分自身でなく他の変数にして2変数がどの程度一緒に動くのかを計測することになります。なお、上記の式では生起確率でウエイト付けをしていますが、ウエイトが同じ場合（過去のデータを扱う場合）には下の式のようにデータ数で割ることになります。例えば、過去 n 年間のA株とB株の収益率から分散を求めるような場合にはこの式を用います。

$$Cov(A,B) = \frac{1}{n}\sum_{i=1}^{n}(a_i - \overline{A})(b_i - \overline{B}) \quad \text{ただし、} n \text{はデータ数。}$$

注意！ 分散は必ず正の数になりますが、共分散は負の数になることもあります。

解答：

共分散 $= 0.3 \times (30-12) \times (20-8) + 0.5 \times (14-12) \times (6-8) + 0.2 \times (-20-12) \times (-5-8)$

$= 0.3 \times 18 \times 12 + 0.5 \times 2 \times (-2) + 0.2 \times (-32) \times (-13)$

$= 64.8 - 2 + 83.2 = 146$

（注）期待値とその記号（E）は168頁で詳しく解説します。ここでは、期待値＝平均と考えてください。

問 4：ポートフォリオの分散と標準偏差を求めなさい。

(解説)A, B 2 資産からなるポートフォリオの分散は次の式によって求めます。w_a, w_b は A, B のポートフォリオにおける占率です。

$$Var(P) = w_a^2 Var(A) + w_b^2 Var(B) + 2 w_a w_b Cov(A, B)$$

ただし、　　$w_a + w_b = 1$　　　　$w_a, w_b \geq 0$

（空売りを認める場合は後者の条件は不要です）。

解答：分散 $= 0.5^2 \times 304 + 0.5^2 \times 79 + 2 \times 0.5 \times 0.5 \times 146 = 76 + 19.75 + 73 = 168.75$

　　　　標準偏差 $= \sqrt{168.75} \cong 13.0$

　ポートフォリオの期待収益率は A 株と B 株の平均の10％ですが、リスクは13.00％と A 株と B 株の平均である13.2％を下回りました。これが分散投資効果です。でも、0.2％のリスク低下は思ったよりも少ないですね。この理由を知るためには相関係数を調べる必要がありますが、その前に多資産からなるポートフォリオの分散について確認しましょう。

$$Var(w_1 X_1 + w_2 X_2 + \cdots + w_n X_n)$$
$$= w_1^2 Var(X_1) + w_2^2 Var(X_2) + \cdots + w_n^2(X_n)$$
$$+ 2w_1 w_2 Cov(X_1, X_2) + 2w_1 w_3 Cov(X_1, X_3) + \cdots + 2w_1 w_n Cov(X_1, X_n)$$
$$+ 2w_2 w_3 Cov(X_2, X_3) + 2w_2 w_4 Cov(X_2, X_4) + \cdots + 2w_2 w_n Cov(X_2, X_n)$$
$$+ \cdots\cdots + 2w_{n-1} w_n Cov(X_{n-1}, X_n)$$

ただし、$\displaystyle\sum_{i=1}^{n} w_i = 1$　　　　$w_1, w_2, \cdots, w_n \geq 0$

　演算ルールは 2 資産の場合と同じですが、各資産の分散と資産間の全ての共分散の組み合わせを計算しますので、資産数が多い場合にはめまいがしそうな計算量になります。分散にかわるリスク指標として、株式ポートフォリオならベータ、債券ポートフォリオならばデュレーションを使えば計算はずっと楽になります。これらについては後で勉強します(注)。

(注) 実務で例題 1 のようなシナリオ分析を行うときには、リターンはシナリオから計算しても標準偏差や共分散は過去実績値を用いることが多い。これは、①シナリオによる標準偏差や共分散は過去実績値と大きく乖離する場合がある、②一般に標準偏差や分散はリターンに比べれば安定していると考えられるためです。また、例題1ではシナリオの生起確率は所与の定数とし、A, B株のリターンを確率変数として扱いましたが、純粋に数学的モデルとして見れば確率変数はシナリオの生起確率で A, B株のリターンはその関数であるとも考えられます。例題1のモデルにはこのような実務的・理論的問題もありますが、証券分析における共分散の計算を最も簡明に示すモデルなので取り上げました。

（2）相関係数

　2資産A，Bの相関係数（ρ、ローと読む）は次のように定義されます。

$$\rho(A,B) = \frac{Cov(A,B)}{\sigma(A)\sigma(B)}$$

　先の例題について、相関係数を計算してみましょう。

　　　$\rho(A, B) = 146 \div (17.4 \times 8.9) = 0.943$

　相関係数は−1〜1の間の値を取りますから、この例はかなり相関が高いことになります。

注意！　　相関係数は−1〜1の間の値を取る。試しに同じ変数の間の相関係数を計算してみましょう。

$$\rho(X,X) = \frac{Cov(X,X)}{\sigma(X)\sigma(X)} = \frac{Var(X)}{Var(X)} = 1$$

　同じ変数でなくても、常に**同じ比率**で動く変数なら相関係数は1になります。逆に、常に正負が逆の同じ比率で動く変数は相関係数がマイナス1になります。二つの変数がばらばらに動く場合は相関係数は0に近くなります。

　　　相関係数＝1　　　　完全な正の相関
　　　相関係数＝0　　　　完全な無相関
　　　相関係数＝−1　　　完全な負の相関

　例えば株式の場合、相場全体の動向に影響されるので、通常は2つの銘柄間の相関係数はプラスになります。ただし、金利が上昇すると株価が下がる金利敏感株と、金利≅インフレ率が上昇すると株価が上がる金鉱株の間などでマイナスの相関が見られることがあります。

　横軸にX株の株価、縦軸にY株の株価を取って株価をプロットする場合、相関関係の相違によって株価の分布エリアは概ね次頁の図のようになります。

図表12－1　相関のイメージ

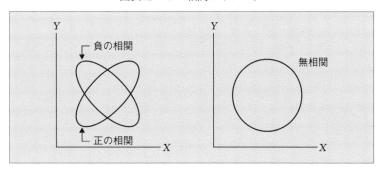

例題2：次の株式X、Yに50％ずつ投資するポートフォリオの期待リターンとリスク、およびX、Yの相関係数を計算しなさい。

	期待リターン	リスク
株式X	12％	18.4％
株式Y	8％	13.8％

X、Y株の共分散は60.0。

解答：期待リターン＝10％

分　　散 $= 0.5^2 \times 18.4^2 + 0.5^2 \times 13.8^2 + 2 \times 0.5 \times 0.5 \times 60.0 = 162.25$

リ　ス　ク $\cong 12.74$

相関係数 $= 60.0 \div (18.4 \times 13.8) \cong 0.236$

（コメント）この例では、ポートフォリオのリスクは12.74％で株式XとYのリスクの単純平均（16.1％）を大きく下回るだけでなく、株式Yのリスクも下回り大きな分散投資効果が得られています。この理由は、相関係数が0.236と前の例に比べて低いためです。

　分散投資効果を視覚的に確認するために、次の**図表12－2**を見ましょう。XとYを結ぶ曲線がXとYを様々な比率で組み合わせたときのポートフォリオのリスクとリターンです。左に凸になっていることが、リスク・リターンの改善を示します。ここで、リスク・リターンの改善とは、ポートフォリオのリターンはXとYの加重平均になっているのに、リスクは加重平均を下回ることを意味します。

図表12−2　リスクとリターン（1）

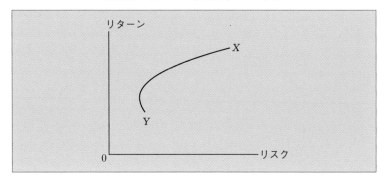

　相関係数とリスク・リターンの関係を**図表12−3**で確認しましょう。XとY
を結ぶ直線は相関係数が1の場合です。この場合はX株とY株は完全に相関し
ており、ポートフォリオのリスクはXとYの加重平均に等しくなります。Y
から出発してリターンの軸に接し、Xに帰る屈折した線は相関係数が−1（完
全な負の相関）のケースです。この場合は、無リスクのポートフォリオが構築
可能であることを意味します。

図表12−3　リスクとリターン（2）

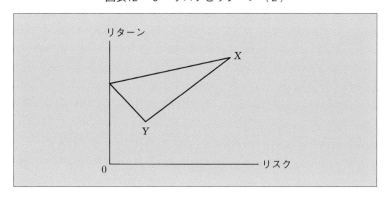

練習問題	12－1

X株の標準偏差は20％、Y株の標準偏差は16％で、両者の相関係数は0.4である。X株とY株の共分散はいくらになりますか。

練習問題	12－2

X株に40％、Y株に60％投資してポートフォリオを組もうとしている。今後1年間の経済は好景気（確率70％）、不況（同30％）の2シナリオが考えられ、それぞれにおけるX、Y株の予想収益率は下表のとおりである。

	好景気	不況
X 株	40％	－20％
Y 株	－5％	30％

問1　X株、Y株およびポートフォリオの期待リターンを計算しなさい。

問2　X株、Y株のリターンについて、分散と標準偏差、共分散、および相関係数を計算しなさい。

問3　このポートフォリオの分散と標準偏差を計算しなさい。

問4　このポートフォリオのリスク（標準偏差）について、「X株とY株の加重平均リスク」、「相関係数」というキーワードを用いてコメントしなさい。

　　　　　　　　　　　　　　　　　過去問！

　来年の経済に関する3つのシナリオの下で、株式と債券のリターンおよび各シナリオが起こる確率は、図表1のようになるとする。これを前提に以下の問いに答えなさい。

図表1　株式と債券のリターンおよび各シナリオが起こる確率

シナリオ	株式	債券	確率
好況	20%	2%	0.3
標準	10%	3%	0.3
景気後退	−10%	4%	0.4

問1　株式60%、債券40%のポートフォリオの期待リターンはいくらですか。
A　2.7%　　　B　3.2%　　　C　3.7%
D　4.2%　　　E　4.7%

問2　株式のリターンの標準偏差はいくらですか。
A　12.8%　　B　15.8%　　C　18.8%
D　21.8%　　E　24.8%

問3　株式と債券のリターンの共分散はいくらですか。
A　−7.5　　　B　−8.5　　　C　−9.5
D　−10.5　　E　−11.5
（平成21年1次春試験第6問Ⅲ）

第13章　株式ポートフォリオの管理

　本章では、株式ポートフォリオ管理について学びます。これまで、勉強してきた数学、統計学の知識が総合的に生かされるはずです。株式ポートフォリオを前提に説明しますが、ほとんどの概念は一般的な資産のポートフォリオマネジメントに応用できるものです。債券ポートフォリオマネジメントは独自のテクニックも用いますので、次章以降で別途説明します。

（1）効率的ポートフォリオ

　市場で取引されている全株式の期待リターン、リスク（標準偏差）、共分散が分かっているとしましょう。このとき、**図表13－1**のような曲線を描くことができ、これを**効率的フロンティア**（efficient frontier）と呼びます。効率的というのは、この曲線上の点はそのリスク（x軸）において最大のリターン（y軸）をもたらすポートフォリオを示すからです。この曲線はつぎの最適化式を解くことによって求められます。ただし、全銘柄の分散共分散の組み合わせをチェックした上で、最大のリターンをもたらす各銘柄への投資比率を決定していますので、膨大な計算量が必要になります。

$$Maximize \qquad \mu_p = \sum_{i=1}^{n} w_i \mu_i$$

$$s.t. \qquad \sigma_p^2 = \sum_{i=1}^{n}\sum_{j=1}^{n} w_i w_j \sigma_{ij} \qquad \sum_{i=1}^{n} w_i = 1$$

ただし、
μ_p　　ポートフォリオの期待リターン

μ_i　　i 証券の期待リターン

w_i　　i 証券への投資比率

σ_p^2　　ポートフォリオの分散

σ_{ij}　　i, j 証券の共分散　　（$\sigma_{ii} = \sigma_i^2$）

$Maximize$　　（以下（μ_p）を最大にする）

$s.t.$　　$subject\ to$　　（以下を条件として）

図表13－1　効率的フロンティア

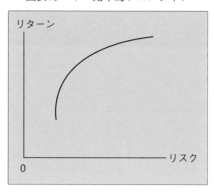

　リスク回避的な投資家（同じリターンならリスクが最小の投資対象を選ぶ）なら必ず効率的フロンティア上のポートフォリオを選ぶはずです。ハリー・マーコヴィッツが提唱したこのモデルは、**平均分散アプローチ**（mean-variance approach）と呼ばれます。リターンの平均とリスク（分散）の２パラメーターによって投資対象が決まるという意味で画期的でした。ただし、このモデルでは投資家が効率的フロンティア上のどの点（ポートフォリオ）に投資するかは、投資家の効用関数によって決まるので、一意的（unique）に決まるわけではありません。この点は、本章第６項で説明します。

（2）分離定理

　図表13－2は縦軸に無リスク利子率（R_f）を取り、ここから効率的フロンティアに接線を引いています。無リスク利子率で自由に資金の貸借ができるとすると、この直線が効率的フロンティアになります。何故ならば、元の曲線よりも直線の方が同じリスクでより高いリターンをもたらすからです（接点上は同リスク同リターン）。この直線上で、比較的リスク許容度が低い投資家は、無リスク利子率と接点ポートフォリオの間、つまり一部を株式で残りを無リスク利子率で運用するポートフォリオを選ぶでしょう。一方、リスク許容度の高い投資家は接点ポートフォリオから右上に伸びる直線状のポートフォリオを選ぶでしょう。このポートフォリオは無リスク利子率で借金をし、そのお金で株を買うというレバレッジ（梃子の効果）を効かしたポートフォリオを意味します。この直線を**資本市場線**（capital market line）と呼びます。

図表13－2　資本市場線

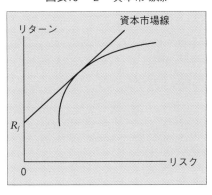

　ここで、投資家が資本市場線（新たな効率的フロンティア）上のどのポートフォリオを選んでも株式の組み合わせは接点ポートフォリオと同じだという点に注意してください。平均分散アプローチでは投資家の効用関数によって株式の組み合わせが異なりましたが、ここに無リスク利子率による貸借を導入することによって、株式ポートフォリオの選択は投資家の効用関数に依存しないことになりました。これを、**分離定理**（separation theorem）と呼びます。全ての投資家が選好する株式ポートフォリオが接点ポートフォリオに一意的（unique）に決まるわけです。その接点ポートフォリオはどのようなものでしょうか。この点の解明はCAPMによって行われました。

（3）CAPM

　CAPM（Capital Asset Pricing Model：資本資産評価モデル、キャップエムと読むこともある）は、一群の強い前提をおいて、均衡において市場ポートフォリオが接点ポートフォリオである、と主張します。ここで、市場ポートフォリオとは市場で取引可能な全資産をその時価総額比率でもつポートフォリオを指します。このとき、個別の証券の期待リターンと市場ポートフォリオの期待リターンの間には次のような関係式が成り立ちます。

$$E(R_i) = R_f + \beta_i \left[E(R_M) - R_f \right]$$

　　ただし、　$E(R_i)$　　　　　　　i 証券の期待リターン

　　　　　　　R_f　　　　　　　　無リスク利子率

β_i　　　　　　　　　　i 証券のベータ

$E(R_M)$　　　　　　　市場ポートフォリオの期待リターン

　この式を図示すると**図表13－3**のとおりとなり、各証券は無リスク利子率と市場ポートフォリオを結ぶ直線上に並ぶことになります。この直線を**証券市場線**（security market line）と呼びます。

　ベータとは市場ポートフォリオの変動に対する各証券の感応度を指します。市場ポートフォリオのベータは 1 です。ベータが 1 を上回る株式は市場ポートフォリオよりも価格変動性が大きく、そのリスクに見合ってリターンも大きいことになります。

　上の式は、配当割引モデルやコーポレートファイナンスにおいて株式の要求収益率を計算するためにも用いられます。

図表13－3　CAPM

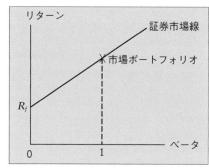

例題：A 株のベータは1.2、市場ポートフォリオの期待リターンは10％、無リスク利子率は 4 ％である。CAPMが成立していると仮定し、A 株の要求収益率を求めなさい。

解答：$4+1.2\times(10-4)=11.2\%$

　（コメント）要求収益率と言ってもここでは期待収益率と同義と考えてください。ベータを直接市場ポートフォリオの期待収益率に掛けるのではなく、無リスク利子率を引くことを忘れないこと。また、$\left[E(R_M)-R_f\right]$ は、（株式市場の）**リスクプレミアム**と呼ばれることがあることを、覚えておいてください。

　CAPMでは各証券と市場ポートフォリオの相関を計算すればよいので、平均分散アプローチに比べると計算負荷がずっと軽くなるのが大きなメリットです。もう 1 つのメリットは、ポートフォリオに含まれる株式のベータを時価で

加重平均すると、それがそのままポートフォリオのベータになることです。平均分散アプローチで提起されたアイデアがCAPMによって実用化されたと言っていいでしょう。

（4）ファクターモデル

現実の市場では、個別証券のリターンと市場ポートフォリオのリターンの間に、CAPMのような関係式が成り立つのでしょうか。それを調べるには、**シングル・ファクターモデル**の1種である**マーケット・モデル**を使います。マーケット・モデルは次のように記述されます。

$$R_i = \alpha_i + \beta_i \times R_B + \varepsilon_i \qquad \text{または、}$$
$$R_i = R_f + \alpha_i + \beta_i(R_B - R_f) + \varepsilon_i$$

ただし、　　R_i　　　　　i 証券のリターン

　　　　　　　α_i　　　　　定数項（回帰直線のy軸切片）

　　　　　　　R_B　　　　　市場（ベンチマーク）リターン

　　　　　　　ε_i　　　　　誤差項

　　　　　　　R_f　　　　　無リスク利子率

マーケット・モデルは、市場リターンによって各証券のリターンが生成されるとするもので、各証券の誤差項に相関はなく（$Cov(\varepsilon_i, \varepsilon_j) = 0, i \neq j$）、また誤差項の期待値は0である（$E(\varepsilon_i) = 0$）と仮定します。後者の結果、定数項 α_i があらわれます。CAPMでは R_M（市場リターン）としていたのが、上のモデルでは R_B（ベンチマークのリターン）に変わっているのに気が付きましたか。ここで、ベンチマークとは日本の株式市場でいえばTOPIXのような広範な時価総額加重の市場インデックスを指します。個別証券および市場インデックスのデータを上のモデル式に当てはめることで、2つのリターンの関係を調べることができます。

マーケット・モデルはリターンの源泉は株式市場全体の価格変動リスクのみであると考えますが、実証研究ではマーケット・モデルでは証券リターンの全てをうまく説明できないことが知られています。そこで登場するのが**マルチ・ファクターモデル**で、これは次のように記述されます。

$$R_i = \alpha + \beta_{i1}F_1 + \beta_{i2}F_2 + \cdots + \varepsilon_i$$

ただし、　　β_{il}　　　　i 証券の第 l ファクターに対する感応度

　マルチ・ファクターモデルは証券リターンの源泉は複数あると考えます。問題はそのリターンの源泉（ファクター）は何かということになります。いろいろなモデルがありますが、市場全体への感応度に加えて、株式の時価総額、企業財務の健全性といった株式属性への感応度、金利や海外経済動向といったマクロ的な指標への感応度等が取り上げられます。マルチ・ファクターモデルは株式ポートフォリオのリスク管理ツールとして幅広く用いられています。

　これまで説明したモデルで、ベータをどうやって計算するのだろうと疑問に思いませんか。マーケット・モデルには回帰分析が用いられ、マルチ・ファクターモデルには様々な手法が用いられますが、このうち重回帰分析、主成分分析、因子分析については回帰分析と合わせて第17章で説明します（注）。

（5）ポートフォリオの評価

　ここでは、代表的なポートフォリオの評価基準を説明します。

　①シャープ・レシオ

　シャープ・レシオは、

$$シャープ・レシオ = (R_p - R_f)/\sigma(R_p)$$

と定義されます。ポートフォリオのリターンから無リスク利子率を引いたものを、ポートフォリオの標準偏差で割っています。リスク１単位あたりの**超過リターン**を計算しているわけです。何故、分子でポートフォリオのリターンから無リスク利子率を差し引いているか説明できますか。そう、無リスク利子率には文字どおりリスクがない（リターンが確定していて変動しない）ために、ポートフォリオのリスクはポートフォリオのリターン全体ではなく、超過リターンが負担すべきと考えているのです。実務的な分析の場合ですと、無リスク利子率の特定が難しいこともあって、リターンをそのままリスクで割ってシャープ・レシオと称することもありますが、試験では間違いになるので気をつけましょう。シャープ・レシオが高いほど、ポートフォリオのリスク調整後のパフォーマンスは良好ということになります。

（注）取り急ぎマーケット・モデルにおけるベータの定義だけ示すと、　$\beta_i = \dfrac{Cov(R_i, R_B)}{Var(R_B)}$　となって、i証券のリターンとベンチマークのリターンとの共分散をベンチマークの分散で割ったものになります。なお、$\beta_B = \dfrac{Cov(R_B, R_B)}{Var(R_B)} = \dfrac{Var(R_B)}{Var(R_B)} = 1$　から、ベンチマークのベータは１になります。

②情報比

　情報比（information ratio）は、

　　　情報比＝アクティブ・リターン/トラッキング・エラー

と定義されます。アクティブ・リターンは「ポートフォリオのリターン－ベンチマークのリターン」で、トラッキング・エラーは「ポートフォリオのリターン－ベンチマークのリターン」の標準偏差のことです。例えば、あるポートフォリオのアクティブ・リターンが5％、トラッキング・エラーが10％だった場合、情報比は0.5になります。アクティブ・リターンはマイナスになることもあるので、0.5の情報比はかなり優秀です。情報比とシャープ・レシオの関係は分かりますか。情報比でベンチマークを無リスク利子率にすればシャープ・レシオになります。無リスク利子率のリスクは0ですから、分母はポートフォリオのリスクをそのまま用いればよいわけです。これはかなり難しいクイズでした。出来た方は超優秀です。

③その他の指標

　　ジェンセンの $\alpha = R_p - \left[R_f + \beta_p (R_M - R_f) \right]$

　　トレイナーの測度 $= (R_p - R_f)/\beta_p$

　ジェンセンのアルファは、CAPMの均衡式を変形したもので、優秀なマネジャーなら均衡式が示す以上のリターンをあげられるだろうというものです。トレイナーの測度はシャープ・レシオの分母をポートフォリオの標準偏差からベータに置き換えたものです。これら指標は学説史的には重要ですが、ベータの計測が困難なこともあって実務で使用されるケースは限定されています。

（6）効用関数とリスク許容度

　本章(1)で宿題がありましたね。効用関数の説明と、平均分散アプローチでは投資家の選好するポートフォリオが一意的には決まらないことの説明です。

　投資家は投資対象のリスクとリターンの組み合わせから、効用（平たく言えば満足感）を得ます。効用関数は以下のように示されます。

$$U(\mu_p, \sigma_p) = \mu_p - \frac{1}{2} A \sigma_p^2$$
$$= \mu_p - \frac{1}{2\lambda} \sigma_p^2$$

　この式の左辺は投資家の効用は投資収益率とリスクによって決まることを示し、右辺は収益率はプラスの効用を、リスク（分散）はマイナスの効用をもたらすことを示します。これは、直感的にも分かりやすい定義ですね。A はリスク回避度、λ（ラムダ）はその逆数でリスク許容度と呼ばれます。$\frac{1}{2}$はこの式を応用する場合の計算の便宜のために入れてある数字です。

　この効用関数をグラフにすると、**図表13－4**のように右下に凸の曲線になります。例えば曲線①上のどの点もこの投資家に同じ効用をもたらすので無差別曲線と呼ばれます。左上の無差別曲線ほど投資家に高い効用をもたらします。左上に凸の点線は平均分散アプローチによる効率的フロンティアです。曲線①は効率的フロンティアと接していないので、具体的な投資機会を持たないことになります。曲線③は効率的フロンティアに食い込んでいるので、投資機会は豊富ですが投資家の効用を最大にするものではありません。結局、曲線②と効率的フロンティアとの接点が、投資可能なポートフォリオのうちこの投資家に最大の効用をもたらすことになります。効用関数は投資家のリスク回避度によって異なりますので、無差別曲線の形状も異なり、結果として最大の効用をもたらすポートフォリオは投資家毎に異なり、一意的には決まらないことになります。

図表13－4　効用曲線

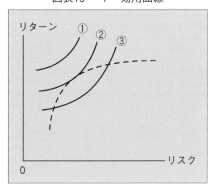

練習問題　13－1

（1）CAPMが成立していると仮定する。無リスク利子率が3％、市場リスクプレミアムが5％のとき、ベータが0.9の株式の要求収益率は何％か。

（2）CAPMが成立していると仮定する。A株の期待リターンは10％、ベータ

は1.2、無リスク利子率は 2 ％である。このとき、市場ポートフォリオの
期待リターンは何％か。

（ 3 ）ある株式ポートフォリオは、B 株、C 株の 2 銘柄から構成されている。B
株のウエイトは60％、ベータは1.2、C 株のウエイトは40％、ベータは0.7
である。ポートフォリオのベータを計算しなさい。

（ 4 ）D 株の過去 5 年間のリターンの平均（年率）は12％、標準偏差は25％、
この間の無リスク利子率は 2 ％であった。D 株のシャープ・レシオを計算
しなさい。

（ 5 ）E ファンドのリターンは15％、ベンチマークのリターンは12％、E ファン
ドのベンチマークとのトラッキング・エラーは10％であった。E ファンド
の情報比を計算しなさい。

練習問題　13－ 2

　無リスク資産と株式の 2 資産しかない世界を考える。**図 1** は平均分散アプロ
ーチによる効率的フロンティアと無リスク利子率からフロンティアへの接線
（資本市場線）を示す。この時、CAPMが成立していたとすると接点ポートフ
ォリオが市場ポートフォリオになる。**図 2** は証券市場線を示す。**図 1** と**図 2** に
おけるX が市場ポートフォリオで当然同じ位置にある。**図 1** におけるY 株は**図
2** では証券市場線上に乗るはずである。すなわち、**図 2** に矢印で示した平行移
動がおこり、Y 株は無リスク資産になってしまう。こんな馬鹿なことがおきる
のだろうか。説明してください。

図 1　平均分散アプローチ　　　　　　　　図 2　CAPM

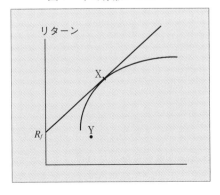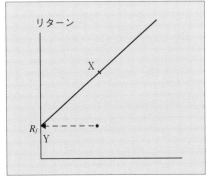

第14章　＜数学基礎　4＞　微分・デュレーション・コンベクシティと積分

　本章では微分とその債券分析への応用であるデュレーション、コンベクシティ、さらに偏微分・積分を学びます。微分・積分は数量の微細な変化を把握しようとするものです。証券分析や経済学はまさに数量の変化を扱う学問ですので、微分・積分は分析のための強力なツールになっています。微分・積分の理解なくして証券分析や経済学の理解はありえません。本章はこの本の中の大きな山のひとつでもあります。しっかり学習してください。

（1）微分とは何か

　微分。微かに分かる、では困ります。徹底的に分かってもらいましょう。

　微分とは一言でいえば「変化率」のことです。あなたが債券のポートフォリオ・マネジャーだったとしましょう。金利が動いたときにあなたのポートフォリオの時価がどのくらい動くか、とても気になりますよね。もし、全く気にならないのなら債券ポートフォリオ・マネジャー以外の職を選びましょう。

　さて、債券の価格を y、この債券の満期までの年数に対応する金利を x とすると、債券価格はこの金利によって決まるので、

$$y = f(x)$$

債券価格は金利の関数であると表記することが出来ます。微分とはこのときxがごくわずか動いたときに、y がどのくらい動くのかを調べるものです。この関係が分かれば金利が1ベーシスポイント動いたら自分の持っている債券の価格がいくら動くのか瞬時に把握できるわけです。

　微分を表わす記号として、

$$f'(x), \quad y', \quad \frac{dy}{dx}, \quad \frac{d}{dx}f(x)$$

などが用いられます。最初の記号は、エフダッシュエックス、またはエフプライムエックスと読み、3番目の記号はディーワイディーエックス、4番目はディーディーエックスエフエックスと読みます。3番目と4番目は割り算（小数）ではないので頭から読み下ろすのが習慣です。dはdifferentialの略で「微小な

差」を意味します。$\dfrac{dy}{dx}$ は文字どおり「x に微小な差が生じたときに、y はどれくらい変化するか」を意味します。他の記号も全く同じ意味です。

　2変数のグラフを考えた場合、微分は線分の傾きを表わすことになります。**図表14−1**に示している $y=3$ というグラフを見ると線分は横に寝ていて傾きはゼロです。従って、この場合は、

$$\frac{dy}{dx}=0$$

になります。次に、**図表14−2**に示している $y=2x$ を考えましょう。直線の傾きは2で、x が1単位増加すると y はその2倍増加します。ここから、

$$\frac{dy}{dx}=2$$

となります。

図表14−1　　$y=3$ のグラフ

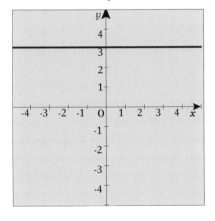

図表14−2　　$y=2x$ のグラフ

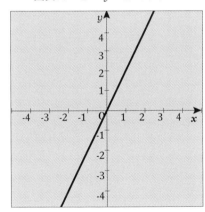

　ここまでは、直感的な検討でも済みますが、中学校以来おなじみの $y=x^2$ になると、もう少し厳密に考える必要があります。x が h だけ増えたとき、y がどれだけ増えるかを見ると、

$$\frac{f(x+h)-f(x)}{(x+h)-x}=\frac{(x+h)^2-x^2}{h}=\frac{x^2+2hx+h^2-x^2}{h}=\frac{h(2x+h)}{h}=2x+h$$

となります。これは**図表14−3**に見るとおり、曲線の間を直線で結んで、その

直線の傾きを測っていることになります。この直線の傾きは x と $x+h$ の間の y の平均変化率を意味します。次にこの h をどんどん 0 に近づけると、

$$\lim_{h \to 0}(2x+h) = 2x$$

となり、これは x の増加による y の増加の極限値を求めていることになります。$\lim_{h \to 0}$ はリミット・エイチ・ゼロと読んで、極限値を示す記号です。微分とはこの極限値を求める行為であり、関数 $y = x^2$ の微分は、

$$f'(x) = 2x$$

となります。この、微分して得られる関数、ここでは $f'(x) = 2x$ を**導関数**と呼びます。ちなみに、導関数は英語ではderivativeと呼ばれますから、金融英語にならえば、派生的関数と呼んでも良さそうですね。導関数のもととなる関数、ここでは $y = x^2$ のことを、**原始関数**（primitive function）と呼びます。

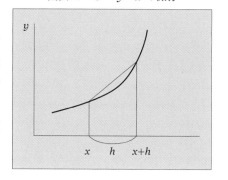

図表14－3　$y = x^2$ の微分

導関数 $f'(x) = 2x$ における x に具体的な値を代入してみましょう。

$$f'(0) = 2 \times 0 = 0$$
$$f'(1) = 2 \times 1 = 2$$
$$f'(2) = 2 \times 2 = 4$$
$$f'(3) = 2 \times 3 = 6$$

というように、刻々と変化します。上に示したような特定の x で微分したときの値、ここでは 0，2，4，6 を**微分係数**または**微係数**と呼びます。$x = 1$ の例を**図表14－4**に示しましたが、微分係数は $x = 1$ における接線の傾きを示しています。

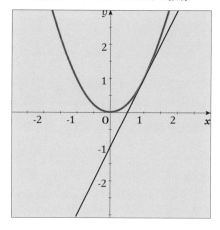

図表14－4　$x = 1$ における接線

　先の微分係数の計算で $x=0$ の時に、微分係数が0になっていました。**図表14－4**に見るとおり、$x=0$ のときに、y は最小値を取っています。一般に関数が極大値または極小値を取るときに微分係数は0になり、これはポートフォリオの最適化計算で利用されます。この点については後でもう一度ふれます。

（2）微分の計算方法

　様々な関数について、原始関数と導関数の対応をまとめました。

関数の種類	原　始　関　数	導　関　数
定　　　数	$f(x)=c$	$f'(x)=0$
累　　　乗	$f(x)=x^n$	$f'(x)=nx^{n-1}$
分　　　数	$f(x)=\dfrac{1}{x}$	$f'(x)=-\dfrac{1}{x^2}$
ル　ー　ト	$f(x)=\sqrt{x}$	$f'(x)=\dfrac{1}{2\sqrt{x}}$
指　　　数	$f(x)=e^x$	$f'(x)=e^x$
対　　　数	$f(x)=\log x$	$f'(x)=\dfrac{1}{x}$

　上記のうち、分数やルートの導関数は、下に示すように累乗関数の微分方法を用いて求められています。

分数：　$f(x)=\dfrac{1}{x}=x^{-1}, f'(x)=-1x^{-1-1}=-x^{-2}=-\dfrac{1}{x^2}$

　もうひとつ例をあげましょう。

$$f(x)=\dfrac{1}{x^3}=x^{-3}, f'(x)=-3x^{-3-1}=-\dfrac{3}{x^4}$$

ルート：　$f(x)=\sqrt{x}=x^{\frac{1}{2}}, f'(x)=\dfrac{1}{2}x^{\frac{1}{2}-1}=\dfrac{1}{2}x^{-\frac{1}{2}}=\dfrac{1}{2\sqrt{x}}$

　表の最後にある指数関数や対数関数の微分は不思議に思われるかもしれませ

んが、証明はちょっと長くなるので省略します。

　関数と定数、関数同士の微分については次の公式があります。公式を暗記する必要はありませんが、証券分析や経済学のテキストにはこれらの公式がしばしば登場しますので、その都度、下の表を見て理解を深めるようにしてください。なお、簡単な例を表の下に示しました。

定数（c）倍の関数	$[cf(x)]' = cf'(x)$
和の微分	$[f(x) + g(x)]' = f'(x) + g'(x)$
合成関数の微分	$[f(g(x))]' = f'(g(x)) \times g'(x)$
積の微分	$[f(x)g(x)]' = f'(x)g(x) + f(x)g'(x)$
商の微分	$\left[\dfrac{f(x)}{g(x)}\right]' = \dfrac{f'(x)g(x) - f(x)g'(x)}{(g(x))^2}$

① 定数倍の関数

　　$c = 3$, $f(x) = x^2$ とすれば、

　　$[3f(x)]' = 3f'(x) = 3 \times 2x = 6x$

② 和の微分

　　$f(x) = x^3$, $g(x) = x^2$ とすれば、

　　$[f(x) + g(x)]' = f'(x) + g'(x) = 3x^2 + 2x$

③ 合成関数の微分

　　$y = (x^2 + 1)^2$ という関数を考える。$Z = g(x) = x^2 + 1$,

　　$f(z) = z^2$ とおくと、$y = f(g(x))$。

　　$y' = [f(g(x))]' = f'(g(x))g'(x)$

　　$= 2(x^2 + 1) \times 2x = 4x^3 + 4x$

④ 積の微分

$f(x)=x^2$, $g(x)=x^3$とすると、

$$\left[f(x)g(x)\right]' = f'(x)g(x)+f(x)g'(x) = 2x \cdot x^3 + x^2 \cdot 3x^2 = 2x^4 + 3x^4 = 5x^4$$

⑤ 商の微分

$f(x)=x^2$, $g(x)=x^3$とすると、

$$\left[\frac{f(x)}{g(x)}\right]' = \frac{f'(x)g(x)-f(x)g'(x)}{(g(x))^2} = \frac{2x \cdot x^3 - x^2 \cdot 3x^2}{x^6} = -\frac{x^4}{x^6} = -\frac{1}{x^2}$$

練習問題　14－1

次の関数を微分しなさい。

（1）　$f(x) = x^2 + 3x + 4$　　（2）　$f(x) = \dfrac{1}{x^3}$　　（3）　$f(x) = \sqrt[3]{x^2}$

（4）　$f(x) = e^{2x}$　　　　　　（5）　$f(x) = \log 3x$

（3）デュレーション

債券価格（P）を利回り（r）の関数、Cをクーポン、100を額面とすると次のように表記できます。

$$P(r) = \sum_{i=1}^{n} \frac{C}{(1+r)^i} + \frac{100}{(1+r)^n}$$

この式をrで微分すると、

$$\frac{dP}{dr} = -\frac{1}{(1+r)}\left(\sum_{i=1}^{n} \frac{C}{(1+r)^i}i + \frac{100n}{(1+r)^n}\right)$$

となります。ここでは、先に示した分数の微分公式を用いています。これで、金利が動いたときに、債券価格がどの程度動くかが分かります。符号がマイナスになっているのは、金利が上がると債券価格が下がり、金利が下がると債券価格は上がることを示します。この式を債券価格で割り、符号を変えると、

$$\frac{1}{(1+r)}\left(\sum_{i=1}^{n}\frac{C}{(1+r)^i}i+\frac{100n}{(1+r)^n}\right)\frac{1}{P(r)}=D_m$$

になります。右辺が D_m となっているのは、この式がデュレーション、正確には修正デュレーション（modified duration）と呼ばれるためです。この式は金利が例えば１ベーシスポイント動いたときに、債券価格が率にしてどのくらい動くのかを示しています。デュレーションは債券ポートフォリオマネジメントにおける王様のような概念ですから、しっかり理解するようにしてください。早速、実例を見ましょう。

　残存期間３年、クーポン５％（年１回利払い）の債券の価格が99円だったとしましょう。複利利回りは5.37％になります。このデータを上の式に代入してデュレーションを求めると、

$$\frac{1}{(1+0.0537)}\left(\frac{5\times1}{(1+0.0537)}+\frac{5\times2}{(1+0.0537)^2}+\frac{5\times3}{(1+0.0537)^3}+\frac{100\times3}{(1+0.0537)^3}\right)\times\frac{1}{99}\cong2.71$$

となります。ここで、金利の微細な変化を Δr、債券価格の変化率を $\frac{\Delta P}{P}$ とすると、

$$\frac{\Delta P}{P}\cong-D_m\Delta r$$

で債券価格の変化率が求められます。例に取り上げた３年債の場合、金利が１％低下したときの価格の変化率を見るためには、Δr に－１（％）を代入すると、

$$\frac{\Delta P}{P}\cong-2.71\times(-0.01)=0.0271$$

となって、$\frac{\Delta P}{P}$ は＋2.71（％）になります。すなわち、金利が4.37％になると、債券価格は101.68（99×1.0271）になるというわけです。ここで、金利を4.37％として債券価格を実際に計算すると、101.74となって、若干の誤差が生じます。金利が２％下がって3.37％になったとすると、債券価格は104.37（99×（１＋0.0271×２））になるはずです。しかし、この金利から逆算した真の価格は104.58となり誤差が拡大しています。デュレーションは微分を用いて、金利の変化による債券価格の変化を直線で近似しているため、金利の変化幅が大きくなると誤差も大きくなります（**図表14－５**）。誤差を少なくするためにデュレ

ーションと共に用いられるのがコンベクシティです。コンベクシティを理解するためには2階微分を理解する必要があります。

図表14－5　デュレーションによる債券価格の近似

金利	5.37%	4.37%	3.37%
債券価格（A）	99.00	101.74	104.58
近似値（B）	―――	101.68	104.37
誤差（A－B）	―――	0.06	0.21

コラム　微積分法の発見者

　微積分法はイギリスのニュートン（1643〜1727）とドイツのライプニッツ（1646〜1716）が同時に発見したというのが今日では定説になっています。しかし、ライプニッツがニュートンの草稿を見たということもあり、当時は両者の間で発明の先取権論争が行われ、両者の死後も弟子達の間で激しい論争がつづきました。ライプニッツは外交官が本職で仕事で滞在したパリで数学を習い、ほんの2〜3年間で微積分法の体系を築いたそうです。ニュートンも負けておらず、物理学を含むほとんどの業績はロンドンにペストが流行って田舎に隠棲していた20代初めの2年間ほどの間にほぼ完成されたと言われています。ニュートンは仕事に集中すると卵と間違えて懐中時計を茹でたり、手綱だけ持って（馬をつけずに）お散歩に出かけたりしたそうです。2人の晩年は対照的でライプニッツの葬儀には秘書だけが参列したのに対し、ニュートンは国葬で弔われました。しかし、今日わたしたちが使う、dy/dx という記号はライプニッツが発明したものです。ニュートン以降、イギリスは微積分学の理論の発展にあまり寄与しませんでしたが、例の先取権論争のあおりでライプニッツの便利な記号を使わなかったのが一因といわれています。

（4）　2階微分とコンベクシティ、テイラー展開

関数は繰り返し微分することが出来ます。例をあげましょう。

$$y = x^3$$

$$\frac{dy}{dx} = 3x^2$$

$$\frac{d^2y}{dx^2} = 6x$$

$$\frac{d^3y}{dx^3} = 6$$

$\frac{d^2y}{dx^2}$ はディートゥーワイ、ディーエックストゥーと読み、2階微分を表わす記号です。2階微分を y'' （ワイダブルダッシュ、またはワイダブルプライム）と表記することもあります。図形的には微分は接線の傾きを求めることでしたが、2階微分は**その傾きの変化率**を求めていることになります。

それでは、債券価格を利回りで2階微分してみましょう。

$$P(r) = \sum_{i=1}^{n} \frac{C}{(1+r)^i} + \frac{100}{(1+r)^n} \qquad \text{債券価格（金利の関数）}$$

$$\frac{dP}{dr} = -\frac{1}{(1+r)} \left(\sum_{i=1}^{n} \frac{C}{(1+r)^i} i + \frac{100n}{(1+r)^n} \right) \qquad \text{1 階微分}$$

$$\frac{d^2P}{dr^2} = \frac{1}{(1+r)^2} \left(\sum_{i=1}^{n} \frac{C}{(1+r)^i} i(i+1) + \frac{100n(n+1)}{(1+r)^n} \right) \qquad \text{2 階微分}$$

2階微分した結果を債券価格で割ったものをコンベクシティと呼びます。

$$C_v = \frac{d^2P}{dr^2} \frac{1}{P(r)} = \frac{1}{(1+r)^2} \left(\sum_{i=1}^{n} \frac{C}{(1+r)^i} i(i+1) + \frac{100n(n+1)}{(1+r)^n} \right) \frac{1}{P(r)}$$

コンベクシティは債券ポートフォリオマネジメントでとても大切な概念です。コンベクシティの意義については第15章で触れることにして、ここではデュレーションとコンベクシティを併用することによって、金利変化による債券

価格変化がより正確に近似できることを示しましょう。

$$\frac{\Delta P}{P} \cong -D_m \Delta r + \frac{1}{2} C_v (\Delta r)^2$$

がデュレーションとコンベクシティを用いた債券価格変化率近似式です。先ほどの3年債を例にして早速計算してみましょう。まず、コンベクシティを計算します。

$$\frac{d^2 P}{dr^2} \frac{1}{P(r)} = \frac{1}{(1+0.0537)^2} \left(\frac{5 \times 2}{(1+0.0537)} + \frac{5 \times 6}{(1+0.0537)^2} + \frac{5 \times 12}{(1+0.0537)^3} + \frac{100 \times 12}{(1+0.0537)^3} \right) \frac{1}{99}$$

$$\cong 10.13$$

この値とすでに計算済みのデュレーションを用いて、金利が2％低下した場合の債券価格変化率を計算すると、

$$\frac{\Delta P}{P} \cong -2.71 \times (-0.02) + \frac{1}{2} \times 10.13 \times (-0.02)^2 \cong 0.0562$$

となります。従って、債券価格は104.56（99×1.0562）となります。真の値は104.58ですから若干の誤差がありますが、デュレーションのみを用いた近似に比べるとずっと精度が上がっています。

　ところで、コンベクシティも用いた近似式で何故コンベクシティのみに$\frac{1}{2}$がかかり、またΔrが2乗されているか、不思議に思いませんでしたか。ここではテイラー展開という公式を利用しているためです。

　テイラー展開とは微係数を用いてある値（$x = a$）の近くでの関数の近似値を求める方法として使われます。一般式は次のように表わされます。

$$f(x) \cong f(a) + f'(a)(x-a) + \frac{1}{2} f''(a)(x-a)^2 + \frac{1}{3!} f'''(a)(x-a)^3 + \frac{1}{4!} f^{(4)}(a)(x-a)^4 \cdots$$

修正デュレーションによる債券価格変化率は1次のテイラー展開、コンベクシティも用いた債券価格変化率は2次までのテイラー展開を利用しています。テイラー展開は次数を大きくするほど誤差が少なくなりますが、証券分析では2次までの近似がほとんどです。なお、！は階乗と読んで、例えば3！は1×2×3を意味します。

（5）関数の極大値・極小値

　2階微分は関数の極大値・極小値を求めることに応用できます。関数の極大値・極小値は最適化計算に用いられます。

　図表14－6に$y = x^2 + 1$のグラフを示しましたが、これを見ると接線の傾きが0となる点($x = 0$, $y = 1$)で極小値を取っています。接線の傾きが0というのは微分して0になることですから、つぎのように極小値が計算できます。

$$y' = 2x$$
$$2x = 0 \rightarrow x = 0$$
$$y = 0^2 + 1 = 1$$

　図表14－7には、$y = -x^2 - 1$のグラフを示してあります。このときには、

$$y' = -2x$$
$$-2x = 0 \rightarrow x = 0$$
$$y = 0^2 - 1 = -1$$

となります。微分して0になる点が極値になることは分かりました。しかし、極大か極小かはどうやって決めるのでしょうか。

図表14－6　$y = x^2 + 1$のグラフ

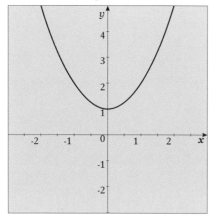

図表14－7　$y = -x^2 - 1$のグラフ

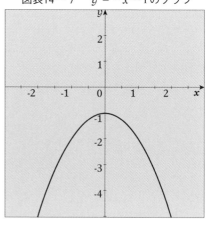

　ここで2階の微分が登場します。一般式で書くと、

　　$f(x)$がaにおいて極大となるのは

　　$f'(a) = 0, f''(a) < 0$

極小になるのは、

$$f'(a) = 0, f''(a) > 0$$

早速、確かめてみましょう。最初に、$y = x^2 + 1$

$$f'(x) = 2x$$

$$f''(x) = 2, f''(0) = 2 > 0$$

で極小値になります。次に、$y = -x^2 - 1$

$$f'(x) = -2x$$

$$f''(x) = -2, f''(0) = -2 < 0$$

で極大値になります。

先の極大値・極小値の判別条件には、$f''(a) = 0$ になる場合が含まれていませんでしたね。**図表14−8**を見てください。

この関数を $f(x)$ と表記して微分して0とおくと、

$$f(x) = x^3 - 3x^2 + 3x$$

$$f'(x) = 3x^2 - 6x + 3$$

$$3x^2 - 6x + 3 = 0$$

$$x = 1$$

$x=1$で極大値または極小値を取るはずですが、グラフを見ると極大でも極小でもなさそうですね。そこで、2階微分してみます。

$$f''(x) = 6x - 6$$

$$f''(1) = 6 \times 1 - 6 = 0$$

あれれ、0になってしまいました。これを屈曲点と呼びます。一般には1階微分の計算だけでは極大極小が判定できないことに注意してください。

これまでの議論では触れませんでしたが、関数はいつでもどこでも微分できるものではありません。屈折している点や断絶している点では微分はできません（**図表14−9**）。

図表14－8　　$y = x^3 - 3x^2 + 3x$ のグラフ

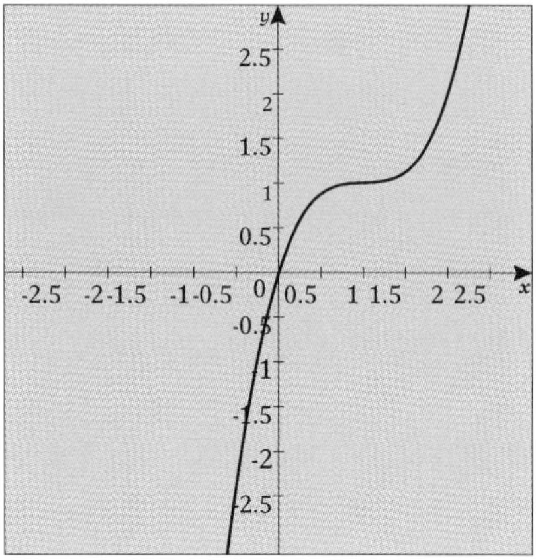

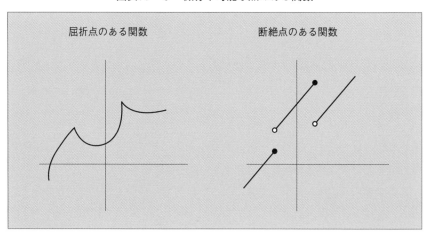

図表14－9　　微分不可能な点のある関数

屈折点のある関数　　　　　　　　　断絶点のある関数

練習問題　14－2　　　　　　　　　　　　　　　　　過去問　！

　投資家の効用 u は以下のように表わされるものとする。

$$u = \mu_p - \frac{\gamma}{2}\sigma_p^2$$

　μ_p：ポートフォリオの期待収益率　　σ_p^2：ポートフォリオのリターンの分散

γ：投資家のリスク回避度

$\gamma = 0.04$の投資家Xにとっての最適なポートフォリオを株式ポートフォリオYと安全資産の2資産から作成するならば、株式ポートフォリオYの保有割合はいくらですか。計算において期待収益率と標準偏差は、例えば7.0%は0.07ではなく7と表わして行うこと。

なお、株式ポートフォリオY、安全資産の特性は以下のとおりとする。

	期待リターン	標準偏差	ベータ
株式ポートフォリオY	7.0%	16%	1.1
安全資産	1.0%	0%	0.0

収益率の単位は年率%

A　44%　　　B　49%　　　C　54%

D　59%　　　E　64%

（平成19年1次秋試験第6問Ⅳ問6）

（6）偏微分

偏向した微分と言うと何やら恐ろしげですが、英語では partial differentiation ですから、部分微分と考えると恐ろしさは半減するでしょう。何を部分的に微分するかと言うと、2つ以上の変数を持つ関数について、1つの変数のみを微分する（他の変数は固定する＝定数とみなす）ことをさします。例えば、オプションのプレミアムは、原資産価格、原資産の価格変動性（ボラティリティ）、満期までの時間等によって決まります。このうち、ボラティリティのみが変動したときにオプション価格がどれだけ変動するかを見る場合に偏微分を用います。

$$z = f(x, y)$$

という関数を考えましょう。これを、xについて偏微分することを、

$$\frac{\partial f(x, y)}{\partial x}$$

と表記します。∂はラウンドディーと読みます。yについて偏微分するときは

$$\frac{\partial f(x, y)}{\partial y}$$

となります。具体例を見ましょう。関数 $z = x^2 + 2xy + 3y^2 + 4$ を、x で偏微分します。

$$\frac{\partial f(x, y)}{\partial x} = 2x + 2y$$

$3y^2 + 4$ の部分は定数とみなすので、0になります。y で偏微分すると次の結果が得られます。

$$\frac{\partial f(x, y)}{\partial y} = 2x + 6y$$

偏微分は証券分析ではオプション価格に関して用いられます。証券分析以上に偏微分を多用するのが、経済学のテキストです。∂ 記号に出会うたびに、意味をよく考えて、慣れるようにしてください。

練習問題　14-3　　　　　　　　　　2次！　　過去問！

ある投資家の効用関数は γ をリスク回避度として下記のとおりである。

$$U = \mu_p - \frac{\gamma}{2}\sigma_p^2 \cdots\cdots （式1）$$

この投資家は下表の3資産に投資する。

	期待リターン	リスク（標準偏差）
国内株式	0.07	0.20
外国株式	0.06	0.12
安全資産	0.01	0.00

国内株式、外国株式への投資比率を X、Y で表わすと、安全資産への投資比率は $1-(X+Y)$ となり、（式1）のポートフォリオの期待リターン μ_p とリスク（分散）σ_p^2 は、

$$\mu_p = 0.07X + 0.06Y + 0.01(1-(X+Y))$$
$$= 0.06X + 0.05Y + 0.01$$
$$\sigma_p^2 = 0.20^2 X^2 + 0.12^2 Y^2 + 2 \times 0.20 \times 0.12 \times \rho XY = 0.04X^2 + 0.0144Y^2 + 0.048\rho XY$$

と表現できる。ただし、ρ は国内株式と外国株式の相関係数を示す。

国内株式への投資比率 X をわずかに増やした時の、その増加に対するポートフォリオの期待リターン μ_p およびリスク σ_p^2 の増加の係数（偏微係数）を示し

なさい。必要に応じてX、Y、ρ を用いること。

（平成23年2次試験1時限第5問問2(1)）

（7）積分

　積分。分かった積り、では困ります。しっかりと分かってもらいましょう。積分とは一言で言うと微分の双子の弟のような存在です。関数を微分すると導関数が得られます。このとき、元の関数を原始関数と呼びます。積分とは微分とは逆の演算で、いわば導関数から原始関数を求める行為です。

$$y = x^2 \Rightarrow 微分 \Rightarrow y = 2x$$
$$y = 2x \Rightarrow 積分 \Rightarrow y = x^2$$

　微分の役割が変化率の計算であったのに対し、積分の役割は面積の計算です。何故、面積の計算が証券分析で必要かというと、統計学で確率を計算するときに用いるからです。オプション価格の説明などで積分記号が登場しますので、その意味を分かるようにしておく必要があります。早速、$y = 2x$の積分を記号を用いて示しましょう。積分には範囲を定める定積分と範囲を定めない不定積分があります。最初に不定積分を見ます。

$$\int 2x\,dx = x^2 + C$$

　$\int$ はインテグラルと読み、積分記号です。dx は x で積分していることを示します。$2x$ の部分は一般には $f(x)$ と関数を用いて表記します。最後の C は積分定数と呼ばれます。x^2, $x^2 + 1$, $x^2 + 2 \cdots$ 等を微分すると全て$2x$となります。そこで、$2x$ を積分するときには、何らかの定数項があったかもしれないと考えて C を加えます。不定積分にともなう不確定さを C と表記しているわけです。

　上の例のように範囲を定めない積分を不定積分と呼びます。これに対し、面積計算のためには範囲を定めた定積分を用います。上の関数の x を $1 \sim 2$ の間で定積分してみましょう。

$$\int_1^2 2x\,dx = \left[x^2 \right]_1^2 = 2^2 - 1^2 = 3$$

　これは、次頁図表のシャドウ部分の面積を計算しています。図から、面積を計算すると、両端の平均高さ×幅 $= \dfrac{1}{2}(2 \times 1 + 2 \times 2) \times (2 - 1) = 3$　となり、積分による計算と一致します。

図表14－10　定積分のイメージ

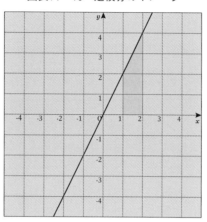

　さて、積分は面積計算であると言いましたが、より厳密には**図表14－10**の例でいえば、x が1から2に向かって微小に変化していくときその時々の y の値の総和を求めるのが積分です。1と2の間を無数に細かい短冊に切ってそれを合計するわけですから、結果として面積になるわけですね。これを覚えておくとあとで累積分布関数を勉強するときにイメージが涌きやすくなるでしょう。

第15章　債券ポートフォリオの管理

本章では債券ポートフォリオの管理について学びます。3種類あるデュレーションの定義、コンベクシティの役割等について習熟するのが目標になります。

（1）3種類のデュレーション

前章でデュレーション（正確には修正デュレーション）を次のように定義しました。

$$D_m = \frac{1}{(1+r)}\left[\sum_{i=1}^{n}\frac{C}{(1+r)^i}i+\frac{100n}{(1+r)^n}\right]\frac{1}{P(r)}$$

これは、債券価格を最終利回り（r）で微分し、それを債券価格（$P(r)$）で割って変化率のかたちにし、さらに符号を変えたもので、債券利回りが微小に変化したときの債券価格変化率を示すものです。

通常、単にデュレーションというと上の式を指しますが、これに加えてマコーレー・デュレーションと金額デュレーションというよく似た親戚があります。この3者の違いを正確に理解することが債券ポートフォリオマネジメントの第1歩になります。

①マコーレー・デュレーション

債券投資においては、債券の期間が大きな問題となります。長期の債券ほど一定の金利の変化に対する価格の変化は大きくなる傾向があるためです。債券の期間を判断する最も簡単な指標は満期までの年数です。ただし、これでは同じ満期までの利付債と割引債を同じように扱う、つまりクーポンを無視することになるのでイマイチですね。次に考えられるのは、投資元本（購入時の債券価格）を何年で回収できるのか、という考え方です。例えば、20年債の利回りが10％の時に、クーポン10％の債券価格は当然パーなので100円です。クーポンは毎年10円入るので、元本100円を回収するまでの期間は10年になります。これは画期的な考え方ですが、1年目の10円と10年目の10円を同じように扱っているという難点があります。

　そこでフレデリック・マコーレーは各年のキャッシュフローの割引現価を用いて元本の平均回収期間を計算するという方法を編み出したのです。

　　マコーレー・デュレーション＝［（1年目の現価）×1年＋（2年目の現価）×

　　2年＋・・・＋（満期年の現価）×満期年］÷債券価格

　期間3年、最終利回り5％、クーポン5％の債券を例にマコーレー・デュレーションを計算してみましょう。

$$D_{MAC} = \left[\frac{5}{1+0.05} \times 1年 + \frac{5}{(1+0.05)^2} \times 2年 + \frac{5}{(1+0.05)^3} \times 3年 + \frac{100}{(1+0.05)^3} \times 3年 \right] \div 100$$

$$\cong (4.76 \times 1年 + 4.54 \times 2年 + 4.32 \times 3年 + 86.38 \times 3年) \div 100$$

$$\cong 2.86年$$

2.86年になりました。次に期間3年、最終利回り5％の割引債のD_{MAC}を計算してみましょう。この債券の価格は86.38円です（$100 \div 1.05^3 = 86.38$）。

$$D_{MAC} = \left[0 \times 1年 + 0 \times 2年 + \frac{100}{(1+0.05)^3} \times 3年 \right] \div 86.38 \cong (86.38 \times 3年) \div 86.38 = 3年$$

　あれあれ、満期と同じ3年になりましたね。D_{MAC}は投資元本の平均償還年数を示すので、割引債の場合は常に満期までの年数に等しくなります。

　D_{MAC}の一般式は次のとおりです。

$$D_{MAC} = \left[\sum_{i=1}^{n} \frac{C}{(1+r)^i} i + \frac{100n}{(1+r)^n} \right] \frac{1}{P(r)}$$

　どこかで見たことありませんか。そう、修正デュレーションの式の右辺第1項を除いたものがマコーレー・デュレーションになるのです。逆に言うとマコーレー・デュレーションに$\frac{1}{(1+r)}$を掛ければ、修正デュレーションが得られます。また、修正デュレーションに$(1+r)$を掛ければマコーレー・デュレーションが得られます。

$$D_{MAC} \times \frac{1}{(1+r)} = D_m$$

$$D_m \times (1+r) = D_{MAC}$$

　フレデリック・マコーレーがデュレーションの概念を発表したのは1938年でしたが、実務に取り入れられるようになったのは実に40年後の1970年代も後半のことで、満期に変わる債券の期間概念として画期的なものでした。マコーレー・デュレーションも金利変化に対する債券価格の変化率の近似値になりますが、より正確には修正デュレーションを用いるべきで、実際今日ではデュレーションと言えば修正デュレーションを指すことがほとんどです。投資の教科書ではマコーレー・デュレーションから説明をはじめることが多いのですが、これは、学説史的な敬意を表わすことと同時に、微分を知らない人に修正デュレーションを説明するための方便だと思われます。私たちは微分を知っているので、この本では修正デュレーションから説明しました。

　ただし、マコーレー・デュレーションに全く意味がないと言うことではなく、債券のイミュニゼーションにはマコーレー・デュレーションを用います。イミュニゼーションについては後で説明します。

②金額デュレーション

　修正デュレーションは金利が微小に変化した場合の債券価格の**変化率**を示すものですが、金額デュレーション（ダラー・デュレーションと呼ぶこともある）は債券価格の**変化額**を示します。

$$D_\$ = \frac{1}{(1+r)}\left[\sum_{i=1}^{n}\frac{C}{(1+r)^i}i + \frac{100n}{(1+r)^n}\right]$$

　この式は、債券価格を利回りで微分して符号を変えたものです。これを債券価格で割れば修正デュレーションが得られます。

$$D_\$ \times \frac{1}{P(r)} = D_m$$

　3種類のデュレーションを表にまとめると次のとおりです。

図表15－1　3種類のデュレーション

種　類	定　　義	意　味	使用法
修　正	$D_m = \dfrac{1}{(1+r)}\left[\displaystyle\sum_{i=1}^{n}\dfrac{C}{(1+r)^i}i+\dfrac{100n}{(1+r)^n}\right]\dfrac{1}{P(r)}$	債券価格の変　化　率	ポートフォリオ管理
金　額	$D_\$ = \dfrac{1}{(1+r)}\left[\displaystyle\sum_{i=1}^{n}\dfrac{C}{(1+r)^i}i+\dfrac{100n}{(1+r)^n}\right]$	債券価格の変　化　額	同　　　　上
マコーレー	$D_{MAC} = \left[\displaystyle\sum_{i=1}^{n}\dfrac{C}{(1+r)^i}i+\dfrac{100n}{(1+r)^n}\right]\dfrac{1}{P(r)}$	投 資 元 本回 収 期 間	イミュニゼーション

③デュレーションと債券ポートフォリオ管理

　ポートフォリオの修正デュレーションは個々の債券のデュレーションをポートフォリオにおけるウエイトで加重平均することによって求められます（注）。

$$D_{mp} = \sum_{i=1}^{n} w_i D_{mi} \qquad ただし、\sum_{i=1}^{n} w_i = 1$$

D_{mp}　ポートフォリオの修正デュレーション

D_{mi}　債券 i の修正デュレーション

w_i　　債券 i のポートフォリオにおけるウエイト

　債券ポートフォリオの時価を P とすると、金利が若干変化した場合のポートフォリオの時価変化率は、

$$\frac{\Delta P}{P} = -D_{mp}\Delta r$$

で示されます。右辺にマイナス記号がついているのは、金利が上昇すると債券ポートフォリオの時価は下落し、金利が下落するとポートフォリオ時価は上昇するからですね。株式ポートフォリオにおけるベータのように、デュレーションは債券ポートフォリオにおける最も重要なリスク指標になります。今後、金利が上昇すると考えればデュレーションを短めにし、下落すると考えれば長めにすればよいのです。

　でも、なんだか話がちょっとうますぎる気がしませんか。債券ポートフォリオには色々な年限の債券が組み込まれています。金利が上昇すると言っても短

（注）ポートフォリオのデュレーションを厳密に計算する場合は、個々の債券のキャッシュフローをベースにします。債券デュレーションの加重平均による方法は近似値を求める簡便法ですが、運用現場では広く使われています。

期と長期では上昇幅は異なるのがふつうです。上の式はポートフォリオのデュレーションに単一の金利変化幅（Δr）を掛けています。つまり、あらゆる年限で金利は同じだけ変化する、言葉を変えれば**利回り曲線のパラレルシフトを前提**としていることに注意してください。

練習問題　15－1　　　　　　　　　　　　　　　　　　　　**過去問　！**

デュレーションに関する次の記述のうち、正しいものはどれですか。

A　修正デュレーションが大きいほど、金利リスクが低くなる。

B　債券価格の変化額は、修正デュレーションに金利変化を掛けた金額にほぼ等しい。

C　マコーレー・デュレーションは、債券の平均回収年数を表わすと考えられる。

D　修正デュレーションは、マコーレー・デュレーションより大きい。

（平成22年1次春試験第4問Ⅰ問3）

（2）コンベクシティの意味

コンベクシティは次のように定義されます。

$$C_v = \frac{d^2P}{dr^2}\frac{1}{P(r)} = \frac{1}{(1+r)^2}\left(\sum_{i=1}^{n}\frac{C}{(1+r)^i}i(i+1) + \frac{100n(n+1)}{(1+r)^n}\right)\frac{1}{P(r)}$$

修正デュレーションとコンベクシティおよび実際の債券価格の関係を図示すると**図表15－2**のイメージになります。金利変化が微小な場合はデュレーションによる近似で十分ですが、変化幅が大きくなると誤差が拡大し、常に実際の債券価格を過小評価することになるので、コンベクシティを加えたほうがより正確な近似ができます。また、デュレーションにコンベクシティを加えた近似による場合、金利が低下した場合は債券価格を過小評価し、上昇した場合は過大評価することも図から読み取れます。

修正デュレーションはある利回りにおける債券価格の変化率（傾き）を示し、コンベクシティはその傾きの変化率（曲率）を示します。コンベクシティの大きい債券は小さい債券に比べれば、金利が上昇した場合も下落した場合も有利になります（**図表15－3**）。他の条件が等しければコンベクシティの大きい債券を選ぶべきです。ただし、この点は市場参加者には周知のことなので、（3）

項で見るようにコンベクシティを得るためには相応のコストが必要です。

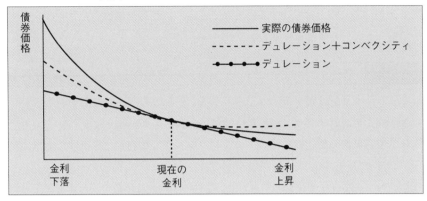

図表15－2　デュレーションとコンベクシティ

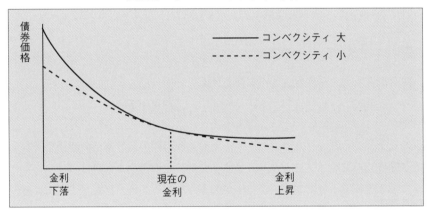

図表15－3　コンベクシティの大小

　なお、ポートフォリオのコンベクシティはデュレーションと同様に構成銘柄のコンベクシティの加重平均で求められます（注）。コンベクシティを用いたポートフォリオ時価の金利に対する変化率は次によって求められます。

$$\frac{\Delta P}{P} = -D_{mp}\Delta r + \frac{1}{2}C_{vp}\Delta r^2$$

（注）債券ポートフォリオのデュレーション・コンベクシティを構成銘柄の加重平均から計算するのは、実務では広く行われていますが、厳密には近似値と言えます。これは、ちょっと高度なテーマ（CMA通信テキストでは2次レベル）なので、ここでは立ち入りません。

（3）バーベルとブレット

　同じデュレーション（中期）のポートフォリオを構築する場合、①短期債と長期債の組み合わせ、②中期債のみによる、③短〜長期債を均等に持つ、の3つが考えられます。①をバーベル、②をブレット、③をラダーと呼びます。バーベルは筋トレに用いるバーベルで両端が重いイメージ、ブレットは鉄砲の弾のことですから、真中が膨らんでいるイメージですね。ラダーは梯子です（**図表15－ 4**）。

図表15－ 4　バーベル・ブレット・ラダー

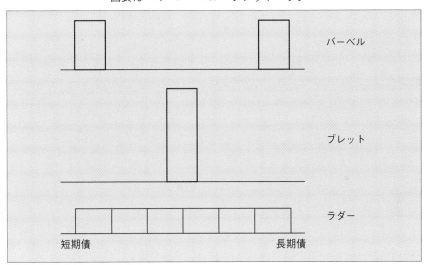

　利回り曲線は多くの場合、**図表15－ 5**のような上に凸の形状をしています。ここで、デュレーションを等しくしたブレットまたはバーベル・ポートフォリオへの投資を考えます。図から明らかなように、ブレット・ポートフォリオの利回りはバーベルに比べると高くなります（イールド・ピックアップ）。この反面、コンベクシティは低くなります（コンベクシティ・ギブアップ）。

図表15－5　バーベルとブレット

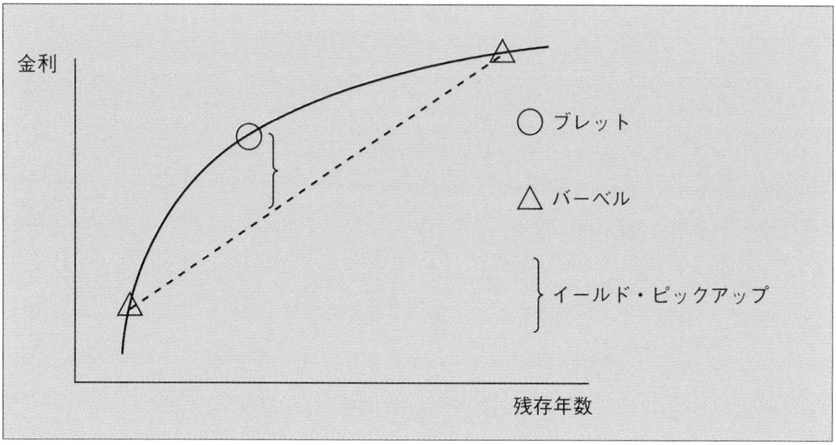

　このため、利回り曲線のパラレルシフトを前提とすると、金利の変化が小幅な場合はブレットのパフォーマンスが高く、金利の変化が大きいときにはコンベクシティ効果によってバーベルのパフォーマンスが高くなります。利回り曲線の形状が変化する場合は一般にバーベルが有利になります。ただし、長期金利が上昇して利回り曲線の傾きが大きくなるときには、長期債の値下がりが大きくブレットが有利になります。

（4）イミュニゼーション

　イミュニゼーションは免疫という意味ですね。債券ポートフォリオの免疫とは、負債を持つ投資家（年金基金や保険会社）を想定し、負債と資産のデュレーションを同じにして、金利変化があっても負債・資産ともに同じように時価を変動させることを言います。いちばん簡単な方法は負債のデュレーションと同じ年限の割引債を購入することです。同じ年限の割引債がなかったらどうしましょうか。ポートフォリオのデュレーションを負債のデュレーションに合わせればいいのです。そしてこのときは、マコーレー・デュレーションを用います。何故か。例を用いて検討しましょう。

例題：満期まで３年、クーポン５％、最終利回り５％の債券のマコーレー・デュレーションは2.86年である。この債券に投資した場合の2.86年後の将来価値（クーポンの再投資収益を含む）はいくらになるか。最終利回りが５％で変化

しない場合、３％、７％に変化した場合について計算しなさい。なお、クーポンは最終利回りで再投資できるものとする。

解答：2.86年後の将来価値は、１年後受取クーポンの1.86年分の再投資、２年後受取クーポンの0.86年分の再投資、満期時受取クーポン＋元本の0.14年分の割引現在価値の合計である。最終利回り別に将来価値を示すと次のとおり。

$$FV_{5\%} = 5 \times (1+0.05)^{1.86} + 5 \times (1+0.05)^{0.86} + 105 \times \frac{1}{(1+0.05)^{0.14}} = 114.9712$$

$$FV_{3\%} = 5 \times (1+0.03)^{1.86} + 5 \times (1+0.03)^{0.86} + 105 \times \frac{1}{(1+0.03)^{0.14}} = 114.9757$$

$$FV_{7\%} = 5 \times (1+0.07)^{1.86} + 5 \times (1+0.07)^{0.86} + 105 \times \frac{1}{(1+0.07)^{0.14}} = 114.9756$$

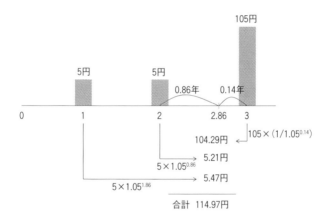

あれあれ、摩訶不思議なことに将来価値はほとんど同じになりましたね(注)。金利が上昇（下落）すると債券価格は下落（上昇）しますが、一方でクーポンの再投資収益は増加（減少）します。マコーレー・デュレーションはこの両者がちょうど相殺しあう期間、つまり金利変動の影響を受けない投資期間を意味しているわけです。このために、イミュニゼーションではマコーレー・デュレーションが用いられます。

(注) この計算はデュレーションを含めエクセルを用いて行いました。式のまま手計算すると端数は合いません。

　ただし、ちょっと怪しげな気がしませんか。そう、上の計算は利回り曲線がフラットでしかも一挙にパラレルシフトして、そのまま変化しないことを前提としています。現実には利回り曲線はフラットではなく、また刻々と形状変化しますので、イミュニゼーションにも定期的なリバランスが必要なことになります。

練習問題 15−2

（1）ある債券の修正デュレーションは2.8である。最終利回りが1％上昇したときの、この債券の価格変化率を計算しなさい。

（2）上記債券のコンベクシティは10である。コンベクシティを含めて、最終利回りが1％上昇した場合の価格変化率を計算しなさい。

（3）ある債券（最終利回り4％）のマコーレー・デュレーションは5年である。最終利回りが1％下落したときの、この債券の価格変化率を計算しなさい。

練習問題 15−3　　　　　　　　　　　　　　　　　**過去問！**

　クーポンレート6％、額面100円、残存年数3年、年1回利払いの固定利付債がある。なお、現在は利払い日直後とする。

問1　各年限のスポットレートが図表1のように与えられているとき、この債券の価格はいくらですか。

図表1　残存年数とスポットレート

残存年数	スポットレート
1年	4%
2年	5%
3年	6%

A　99.21円　　　B　100.21円　　　C　100.54円

D　101.54円　　　E　102.54円

問2　この債券の最終利回りを5％とすると、債券価格はいくらですか。

A　99.02円　　　　B　100.00円　　　　C　101.52円

D　102.72円　　　E　103.82円

問3　問2のときのマコーレー・デュレーションはいくらですか。

A　2.683　　　B　2.836　　　C　2.927

D　3.012　　　E　3.124

問4　最終利回りが5％、マコーレー・デュレーションが2.7のとき、修正デュレーションはいくらですか。

A　2.571　　　B　2.815　　　C　2.902

D　3.012　　　E　3.093

問5　この債券が残存年数2年、最終利回り5％のとき、コンベクシティはいくらですか。

A　4.565　　　B　4.866　　　C　5.037

D　5.239　　　E　5.459

（平成23年1次春試験第4問Ⅲ）

第16章　＜統計学基礎　3＞　統計学とポートフォリオ管理

本章では統計学の色々な手法とそのポートフォリオマネジメントへの応用について学びます。はじめに、具体例に則して統計学の諸概念を説明し、続いてその計算方法を示します。

（1）統計学の諸概念

日本中の猫の平均体重を知りたいと思いました。これを実測するのは困難なので、神様に頼んで調べてもらったら、日本猫の平均体重は5kg、標準偏差は1.2kgで正規分布している、と教えてくれました。この時、体重6kgの猫は上から（体重が重い方から）何％にあたるのでしょうか。**標準正規分布表**があれば答えを見つけることができます。

上に述べた猫の体重のように、その値がある数値区間に入る確率が原理的に与えられる変数を**確率変数**といいます。100グラム単位の体重計で猫の体重を測定すると、5kgの猫の次は5.1kgの猫になり、これを**離散型確率変数**といいます。神様は極めて精巧な体重計を持っていて無限に細かい単位で猫の体重を測定していた場合、これを**連続型確率変数**といいます。離散型確率変数でも、データ数が多いときは連続型として扱います。試験の得点を偏差値に換算するのがその一例です。証券分析でも一般的に収益率を連続型確率変数として扱います。

神様のお言葉を確認するために、近所の野良猫を捕まえて平均体重を測定することにしました。このとき、日本猫全体を**母集団**（population）といいます。近所の野良猫を**標本**または**サンプル**（sample）といいます。**標本の平均も確率変数**になります。つまり、野良猫の平均体重は捕まえるたびに異なりますが、その変動は確率で表現できるのです。ここが統計学の肝のひとつです。

5匹の猫を捕まえたとき、その合計体重と標準偏差はどうなりますか？　猫の体重を合計しても何の意味もありません。しかし、猫の体重を収益率とおきかえれば、これは長期投資したときの期待収益率とリスクを測定している、つまり**時間のリスク分散効果**を検討していることになります。

　10匹の猫を捕まえたときその合計体重が40kgを下回る確率はいくらになりますか？

　猫の合計体重が40kgを下回っても全く意味がありません。しかし、猫の体重を収益率、40kgを例えば０％におきかえれば、これは**ダウンサイドリスク**を測定していることになります。時間のリスク分散効果や複数期間を通じてのダウンサイドリスクは**確率変数の和**の問題です。

　神様に日本中の犬の体重を調べてもらったら、平均は７kgで標準偏差は２kgで正規分布していると教えてくれました。近所の野良犬と野良猫をペアで捕まえて体重の差を測ったらその平均と標準偏差はいくらになりますか？　野良犬と野良猫の体重差はこれまでの例でも最も無意味ですね。でも、野良犬の体重をポートフォリオのリターン、野良猫の体重をベンチマークのリターンとすると、これは**トラッキング・エラー**を計測することになります。トラッキング・エラーは**確率変数の差の分散**の問題です。

　ここまでは、日本猫という母集団のデータを既知としていますが、実際には母集団の全データを測定するのが困難または不可能なので、標本から母集団の平均や分散を**推定**することもしばしば行われます。母集団が既知か未知か、母集団を扱っているのか標本を扱っているのかを常に意識するようにしてください。

　ひょっとして神様が嘘をついているかもしれないと思って、近所の野良猫10匹を捕まえて測定したところ平均4.5kg、標準偏差は0.7kgでした。神様は嘘をついているのでしょうか。神様が嘘をついているかどうかを調べるのを**仮説検定**といいます。

　本章ではこうした問題を検討します。

（２）連続型と離散型の確率変数および迷いやすい表記法

　はじめに、統計学を勉強していく上で分かりにくい点、迷いやすい点をまとめて解説します。

　まずは**連続型**と**離散型**の確率変数。両者をグラフにした場合の視覚的な相違は、離散型の変数ならば棒グラフ状のいわゆるヒストグラム（**図表16－１**）で分布を示せるのに対し、連続型の変数の場合はなめらかな曲線（170頁の**図表16－２**）になることです。この曲線を**確率密度関数**と呼び、確率は曲線の下の

面積を積分して求めます。証券分析でよく出てくる代表的な連続型の確率分布が標準正規分布と t 分布です。2つとも0を中心にして左右対称な分布になっています。面積（確率）を求める関数を**累積分布関数**と呼びます。標準正規分布表は標準正規分布の累積分布関数の数字を分かりやすく表にしたものです。

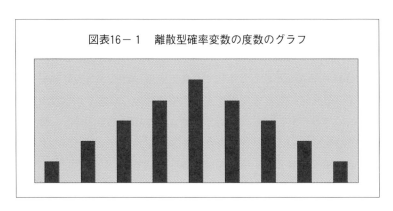

図表16－1　離散型確率変数の度数のグラフ

　初心者が統計学のテキストを難しく感じる理由の1つが**期待値**という概念とそれを示す E という記号です。ビギナーとしては、「何を期待しとるねん」と問い返したくなりますが、期待値とあったら、平均と同じ、と思いこむようにしてください。より正確には発生確率でウエイト付けした予想平均値といった意味です。例えば、$E(X)$ は確率変数 X の期待値、つまり平均値です。平均ですからもちろんその裏には具体的な計算があるわけで、離散型、連続型に分けて一般式を示しましょう。

離散型　　　$E(X) = \displaystyle\sum_{i=1}^{n} x_i P(X = x_i)$

$\qquad\qquad\quad P(X = x_i)$ は $X = x_i$ の生起確率　　　$\displaystyle\sum_{i=1}^{n} P(X = x_i) = 1$

連続型　　　$E(X) = \displaystyle\int_{-\infty}^{\infty} x f(x) dx$

　離散型はこれまでの説明で理解しやすいと思いますが、連続型は積分を用いており難しそうですね。連続型の中にある $f(x)$ が上で触れた確率密度関数で、この式は x を確率密度関数（**図表16－2**のグラフの高さ）で加重平均していることになります。E と出会ったら上の式のイメージを思い出し、その裏にはシグマ、または積分による演算があると考えると理解が容易になると思います。

統計学の教科書では平均も色々な表記がされますが、一般的な（必ずしも絶対的ではない）使い分けは次のように考えてください。

μ　　　　ミュー。母集団の平均。

$\overline{X}$　　　　バーエックス。標本の平均（具体的に求めてある）。

$E(X)$　　　イーエックス。期待値（抽象的な平均）。

平均とくれば標準偏差ですね。次の使い分けをすることがあります。

$Var(X)$　　母集団の分散。

S^2　　　　標本の分散。

σ　　　　シグマ。母集団の標準偏差。

S　　　　標本の標準偏差。

$Cov(X,Y)$　母集団の共分散。

S_{XY}　　　標本の共分散。

前頁の期待値の式（離散型）で大文字と小文字のXが混在していましたね。確率変数自体（猫の体重）を大文字で、その確率変数が取る具体的な値（5kgとか6kg）を小文字で表わすという使い分けをすることがあります。

以上が表記法について現段階で注意すべき点です。以下、統計学の基本概念とそのポートフォリオ管理への応用に入ります。

（3）標準化

標準正規分布とは平均が0、標準偏差が1の正規分布のことです。日本の猫の平均体重は5.0kgで標準偏差は1.2ですので、猫の体重から5を引いて1.2で割れば標準正規分布値が得られます。例えば、6.2kgの猫の場合、$(6.2 - 5.0) \div 1.2 = 1$なので、ちょうど1標準偏差に位置していることが分かります。

一般的には次のように表記します。

$X \sim N(\mu, \sigma^2)$　　　　Xは平均μ、分散σ^2の正規分布に従う

$Z = \dfrac{X - \mu}{\sigma}$　　　　新たな確率変数Zの定義

$Z \sim N(0,1)$　　　Zは平均0、分散1の正規分布に従う

上記の操作を**確率変数の標準化**と呼びます。このような面倒な操作をする理由は、標準化すれば標準正規分布表によって簡単に確率を読み取ることが出来るからです。標準化した猫の体重分布は**図表16－2**のようになります。標準化

前の猫の体重も下に記入してあります。これを見ると猫の体重を5kg分左に平行移動すれば良いことがわかりますね。この図を理解しておけば、上の公式を忘れても平均値と標準偏差からZ値（標準化された値）を求めることができるでしょう。

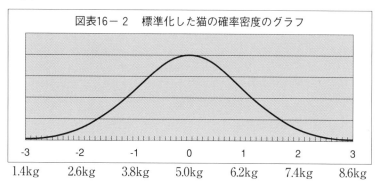

図表16－2　標準化した猫の確率密度のグラフ

（4）標準正規分布表の読み方

標準正規分布表は190頁に示しましたが、これを使いこなすのが統計学の第1歩です。具体例をみましょう。

例題1：体重5.18kgの猫は上から（体重の重い方から）何%にあたりますか。
解答：まずZを求めます。

$$Z = \frac{X - \mu}{\sigma} = \frac{5.18 - 5.00}{1.20} = 0.15$$

標準正規分布表でz＝0.15の確率を求めます。左端のコラムの上から2番目.1がz＝0.1の行です。この行を右にたどり上に.05とある列との交点の数字「.5596」が求める確率です。これは、標準正規分布表（190頁）の上にある図のシャドウのかかった部分の確率、つまり体重5.18kgの猫は下から55.96%に相当することを示します。標準正規分布表の上のグラフには$P[Z \le z]$とありますが、これは標準化した体重がz以下の猫（Z）の確率を意味します。この例にあてはめれば、$P[Z \le 0.15] = 0.5596$ となります。この問題は上からの確率を聞いていますので、100 − 55.96 ＝ 44.04% が答えです。

標準正規分布表（抜粋）

Z	.00	～	.04	.05	.06
.0	.5000	～	.5160	.5199	.5239
.1	.5398	～	.5557	.5596	.5636
.2	.5793	～	.5948	.5987	.6026

例題2：体重が下から30％にあたる猫の体重はいくらですか。

解答：困りましたね。標準正規分布表を見ても上半分の数字のみで下半分の数字はありません。しかし、ここで正規分布は左右対称で、標準正規分布表の真中は0であることを思い出してください。従って、上から30％の数字を見つけて符号をマイナスにすれば良いのです。標準正規分布表で、0.70に近い数字を探します。「.52」のセル（左が.5、上が.02の交点）に「.6985」、その右、つまり「.53」のセルに「.7019」とあります。求める数字、0.70は両者の中間にあります。「.6985」と「.7019」を足して2で割ると「.7002」になりますので、「.525」が求める数字になります（より正確に按分計算すると0.52441になります）。これにマイナス符号をつけて求める体重は次のように計算します。

$$Z = \frac{X - \mu}{\sigma}$$

$$\sigma Z = X - \mu$$

$$\sigma Z + \mu = X$$

$$1.2 \times (-0.525) + 5 = 4.37$$

　答えは4.37kgです。この答えは直観的に納得できますか。第4章＜統計学基礎1＞で述べたとおり、1標準偏差の中に約3分の2のデータが含まれます。この例では、3.8kgから6.2kgの範囲に3分の2の猫が含まれ、3.8kgを下回るのは約15％にすぎません。問題は下から30％を聞いているのですから、4.37kgという結果を見て「さもありなん」と感じるようになりましょう。

例題3：近所の野良猫を捕まえたとき、その猫の体重が確率90％でおさまる範囲は何kgから何kgですか。

解答：「確率90％でおさまる」というのは上の5％と下の5％は除くということです。標準正規分布表で上側5％のZ値を求めると、Zが1.64のときに確率は.9495、1.65のときに.9505ですから、間を取った1.645が求める値になります。これを猫の体重に換算すると、

$$X = \sigma Z + \mu = 1.2 \times 1.645 + 5.0 \cong 6.97 \text{kg}$$

となります。下側の数値を求めるためには Z 値をマイナスにして、

$$X = \sigma Z + \mu = 1.2 \times (-1.645) + 5.0 \cong 3.03 \text{kg}$$

になります。3.03～6.97kgが正解です。

　上の問題で90%を**信頼係数**、3.03～6.97kgを**信頼区間**と呼ぶことがあります(注)。

練習問題　16－1

　ある株式の年率期待リターンは15%、標準偏差は20%で正規分布するとき、以下の問いに答えなさい。

問1：この株式に1年間投資するとき、リターンがマイナスになる確率は何%ですか。

問2：この株式に1年間投資するとき、リターンの信頼係数95%の信頼区間を示しなさい。

（5）時間のリスク分散効果

例題：近所の野良猫5匹を捕まえたとき、その体重の合計の期待値とその標準偏差はいくらになりますか。神様のデータをもとに答えなさい。ただし、捕まえた猫の体重に相関は無いものとする。

解答：捕まえた猫の体重の合計を $c_1 + c_2 + \cdots + c_5$、母集団の平均と標準偏差を μ_G, σ_G とすると、合計体重の期待値およびその標準偏差は以下のとおりになる。

$$E(c_1 + c_2 + \cdots + c_5) = E(c_1) + E(c_2) + \cdots + E(c_5) = 5\mu_G$$

$$Var(c_1 + \cdots + c_5) = Var(c_1) + \cdots + Var(c_5) = 5\sigma_G^2$$

$$\text{標準偏差} = \sqrt{5\sigma_G^2} = \sqrt{5}\sigma_G$$

　猫の合計体重の期待値は、5匹×5kg=25kg、その標準偏差は $\sqrt{5} \times 1.2kg = 2.68kg$ となります。体重が5倍になるのだから、標準偏差も5倍になって良さそうですが、$\sqrt{5}$ 倍（約2.24倍）にしかならない。体重が重い猫も軽い猫もいるので相殺しあって、5匹の猫合計体重のバラツキは軽減されます。猫の体重を収益率と置き換えたときにこれは**時間のリスク分散効果**といわれます。ここで注意しておくべきことがいくつかあります。

(注) 信頼係数や信頼区間は狭義には推定（例えば標本平均から母集団平均を推定する）に用いられる言葉ですが、証券分析ではこのように母集団の分布について用いる場合もあります。

注意1！　　　上の計算は確率変数の和の平均、和の分散の公式を利用しています。2変数の場合の具体例は第12章＜統計学基礎2＞で学習しましたが、一般的な公式は次のとおりです。

確率変数の和の期待値：$E(X+Y) = E(X) + E(Y)$

確率変数の和の分散：$Var(X+Y) = Var(X) + Var(Y) + 2Cov(X,Y)$

多資産への分散投資と**多期間**への時間分散とは統計学的には同じ公式によっているわけです。でも、上の公式と猫の体重の分散の計算を見比べて何か変だなと思いませんか。そう、$2Cov(X,Y)$ に相当する部分が抜けていますね。これは、「捕まえた猫の体重に相関は無いものとする」という前提によって共分散を0と考えているためです。近所の野良猫を捕まえると全員が親類縁者で体重も密接に相関している可能性もあるのでこれはかなり強い前提です。この前提はより厳密には、標本は「独立かつ同一の分布に従う」（independent and identically distributed=i.i.d.）と言います。投資収益率の場合は親類縁者はありえないので、そんなことは考えなくても良いだろう、と思われるかもしれませんね。でも、例えば株式の収益率にはモメンタム（上がった（下がった）株がさらに上がる（下がる））やミーン・リバーサル（上がりすぎた株は下がる＝下がりすぎた株は上がる）が見られることがあります。投資収益率の場合はこうした収益率の「系列相関」がないことが上のような計算の前提になります。

注意2！　　　時間のリスク分散効果を計算する場合、厳密には収益率は対数値を用いて連続時間複利にしておく必要があります。年率の実効金利を R とするとき、5年間運用したときの元利合計は $(1+R)^5$ になります。このとき、$\log(1+R) = r$ とすれば元利合計の対数値は $5r$ となって上の公式を適用できるわけですね。きょとんとしている人が多いようなので、具体例を示しましょう。

$(1+0.05)^5 = 1.276$　　　　　と、プラス27.6％になります。

$\log(1+0.05) = 0.04879$

$5 \times 0.04879 = 0.24395$

$$e^{0.24395} = 1.276$$　　　　　　　やっぱり、プラス27.6％になりました。

しっくりきましたか。もしイマイチだったら、対数（第8章＜数学基礎3＞）を復習してください。

注意3！　　時間のリスク分散効果と言っても、時間を長くすればリスクが減るわけではありません。猫の体重の例を見ると1匹の猫の標準偏差は1.2kgで、5匹になると2.68kgと**リスクの絶対額は増加**しています。ただ、リターンが5倍になっているのに、リスクは2.24（ルート5）倍と**相対的にリスク増加が少ない**だけです。超長期に投資すれば、絶対的なリスクが減少するというわけではありません。

練習問題　**16－2**

ある株式の年率期待リターンは15％、標準偏差は20％で正規分布する。この株式に2年間投資するとき、リターンがマイナスになる確率は何％ですか。なお、投資期間が2年間と短いので期待リターンは連続時間複利に変換せずそのまま用いて良い。

 ● **コラム　数学の本（5）** ●

　小川洋子『博士の愛した数式』新潮文庫、291頁。

　数学の本と言ってもこれは小説です。博士と呼ばれる老数学者とその家政婦さんとのプラトニックな心の交流。家政婦と言っても、28歳の未婚の母。菅井きんさんや市原悦子さんではなく、沢口靖子さんか水野真紀さんのイメージですね。[*] 博士は交通事故の後遺症で昔のことは覚えているが、直近のことは80分間しか記憶できない。愛が記憶の積み重ねだとしたら博士には愛は築けない。そして博士の記憶の持続時間は徐々に短くなっていく・・・。江夏の背番号28は完全数（約数の合計がその数になる、28＝1＋2＋4＋7＋14）である等々数論を中心とするエピソードが豊富で博士の哀しい純真さを浮きぼりにする。数学に疲れたらこの本でリラックス。阪神タイガースファン、とりわけ江夏が好きだった方には特におすすめです。

[*] 2005年に映画化された時は深津絵里さんでした。

（6）トラッキング・エラー

例題：神様によると日本犬の平均体重は7kgで標準偏差は2kg、日本猫の平均体重は5kg、標準偏差は1.2kgでいずれも正規分布しています。近所の野良犬と野良猫をペアで捕まえて体重の差を測ったらその平均と標準偏差はいくらになりますか。なお、犬と猫の体重の共分散は1.50とする（犬と猫の体重に共分散があるというのはインチキくさい前提ですが、まあ、練習のためだから許してください）。

解答：これは確率変数の差とその分散の問題です。173頁の**注意1**で見た和の公式を準用します。犬の体重をD，猫の体重をCとすると、

$$E(D-C) = E(D) - E(C) = 7.0 - 5.0 = 2.0 \text{kg}$$

$$Var(D-C) = Var(D) + Var(C) - 2Cov(D,C) = 2^2 + 1.2^2 - 2 \times 1.5 = 2.44$$

$$標準偏差 = \sqrt{2.44} \cong 1.56$$

体重差の平均は2kg、標準偏差は1.56kgなので、0.44〜3.56kgの間に約3分の2のペアが収まることになります。

ここで、犬の体重をポートフォリオのリターン、猫の体重をベンチマークのリターンにおきかえるとその差の標準偏差は**トラッキング・エラー**と呼ばれます。パッシブ運用の場合にはトラッキング・エラーを0に近づけるのが目標になりますし、アクティブ運用の場合にはアクティブ・リターンをトラッキング・エラーで割った数字が**情報比**（information ratio）と呼ばれる重要なパフォーマンス指標になります。

ここは重要なポイントなので、ポートフォリオのリターンをR、ベンチマークのリターンをM、それぞれの期待値を$E(R)$、$E(M)$とおいて、上の公式が成立するかどうか確認してみましょう。

$$Var(R-M) = \sum_{i=1}^{n} \left[(R_i - M_i) - E(R-M)\right]^2 \times p_i = \sum_{i=1}^{n} \left[(R_i - E(R)) - (M_i - E(M))\right]^2 \times p_i$$

$$= \sum_{i=1}^{n} (R_i - E(R))^2 \times p_i + \sum_{i=1}^{n} (M_i - E(M))^2 \times p_i - 2\sum_{i=1}^{n} (R_i - E(R))(M_i - E(M)) \times p_i$$

$$= Var(R) + Var(M) - 2Cov(R,M)$$

ただし、$\sum_{i=1}^{n} p_i = 1$（生起確率の合計は1）

大丈夫でしたね。冒頭の$\sum_{i=1}^{n} \left[(R_i - M_i) - E(R-M)\right]^2 \times p_i$の意味（個々のリターンの差から平均のリターンの差を引いて2乗する）を良く理解してください。

練習問題	16－3

　ある株式アクティブ・ポートフォリオとベンチマークの期待リターンとリスクは下表のとおりで、正規分布すると仮定する。

	ポートフォリオ	ベンチマーク
リターン	12%	10%
リスク	18%	16%

（注）ポートフォリオとベンチマークのリターンの相関係数は0.90である。

問1：ポートフォリオのトラッキング・エラーは何％ですか。

問2：ポートフォリオの情報比は何％ですか。

問3：1年間運用したときポートフォリオのリターンがベンチマークを5％以上下回る確率は何％ですか。トラッキング・エラーは正規分布に従うとし、正規分布表を用いて答えなさい。

（7）標本平均の性質と t 分布

①　標本平均の平均と分散

　神様のお言葉を確認するために、近所の野良猫を捕まえて平均体重を測定することにしました。10匹の野良猫を捕まえたところ、体重の平均は4.5kg、標準偏差は0.7kgでした。このとき、日本猫全体を**母集団**（population）といいます。近所の野良猫を**標本**または**サンプル**（sample）といいます。いま近所の野良猫10匹という標本の標本平均は4.5kgでしたが、今度は隣町で野良猫を10匹捕まえて標本平均をとってみましょう。すると、隣町の野良猫10匹の標本平均もちょうど4.5kgになるとはもちろん限りませんよね。隣町のさらに隣町の野良猫10匹の標本平均もとってみると、これまた4.5kgとなる保証はどこにもありません。実は**標本の平均も確率変数**になります。つまり、10匹の野良猫の平均体重は捕まえるたびに異なりますが、その変動は確率で表現できるのです。ここが**統計学の肝**のひとつです。

　標本平均は平均が**母集団の平均**、分散が**母集団の分散÷標本数**、の正規分布

になります。今の例では、野良猫を10匹ずつ捕まえるとその平均体重は平均5kg、平均体重の分散は0.144（$1.2^2 \div 10 = 0.144$）の正規分布に従うわけです。母集団が正規分布でなくても、標本平均は正規分布で近似できます。また標本平均の標準偏差は、

$$\sqrt{\frac{\sigma^2}{n}} = \frac{\sigma}{\sqrt{n}} = \frac{1.2}{\sqrt{10}} \cong 0.38\mathrm{kg}$$

となります。

　ここは重要なポイントなので、標本平均を$\overline{X}$、その期待値を$E(\overline{X})$、分散を$Var(\overline{X})$、母集団の平均と分散をμ, σ^2としたときに上記が成立することを確認しましょう。

$$E(\overline{X}) = E\left[\frac{1}{n}(X_1 + X_2 + \cdots X_n)\right] = \frac{1}{n}E(X_1 + X_2 + \cdots + X_n)$$

$$= \frac{1}{n}\left[E(X_1) + E(X_2) + \cdots + E(X_n)\right]$$

$$= \frac{1}{n}(\mu + \mu + \cdots + \mu) = \frac{1}{n}n\mu = \mu$$

$$Var(\overline{X}) = Var\left[\frac{1}{n}(X_1 + X_2 + \cdots + X_n)\right] = \frac{1}{n^2}Var(X_1 + X_2 + \cdots + X_n)$$

$$= \frac{1}{n^2}\left[Var(X_1) + Var(X_2) + \cdots + Var(X_n)\right]$$

$$= \frac{1}{n^2}(\sigma^2 + \sigma^2 + \cdots + \sigma^2) = \frac{1}{n^2}n\sigma^2 = \frac{\sigma^2}{n}$$

$$標準偏差 = \sqrt{Var(\overline{X})} = \sqrt{\frac{\sigma^2}{n}} = \frac{\sigma}{\sqrt{n}}$$

　標本数（n）を増やしていけば、$\overline{X}$ がやがて母集団の平均に等しくなることを**大数（たいすう）の法則**、正規分布することを**中心極限定理**と呼びます。ここで、標本 X_1, X_2, $\cdots$, X_n が独立かつ同一の確率分布に従っていることが前提です。

　標本平均は次の算式によって標準化できます。

$$Z = \frac{\bar{X} - \mu}{\sigma/\sqrt{n}}$$

母集団の標準化 $\left(Z = \dfrac{X - \mu}{\sigma} \right)$ とは若干分母分子が変わることに注意してください。

② 　t 分布

　実際には母集団の平均や分散は計測不可能なことが多く、この場合、標本から母集団の平均や分散を推定したり、母集団に関する仮説が正しいかどうかを検定します。

　ここで、標本の平均4.5kg、不偏標準偏差を0.7kgとします（注1、2）。

　標本から母集団平均を推定するためには t 分布表を用います。t 分布表を読むための t 値は次のように計算します。

$$t = \frac{\bar{X} - \mu}{s/\sqrt{n}}$$

　これを、①の末尾に示したZ値の式と比べてください。右辺は分子の σ（母集団の標準偏差）と s（不偏標準偏差）が入れ替わっているだけで同じ式です。

　t 分布をグラフにすると、標準正規分布のグラフと同じような左右対称の形をしていますが、真中の山頂が少し低く、その分山裾が厚くなっています。t 分布のグラフは自由度（データ数 - 1）によって異なり、データが30位以上な

（注1）①で標準偏差0.38kgと言っていたのに、急に0.7kgなったのにビックリしませんでしたか。①では**標本平均の標準偏差**、つまり10匹の猫を何度も捕まえたときの10匹平均体重のバラツキを求めており、②ではたまたま今日捕まえた10匹の**個体の標準偏差**、10匹の平均に対するバラツキを求めています。

（注2）母集団を推計するための分散は次によって計算します。

$$s^2 = \frac{1}{(n-1)} \sum_{i=1}^{n} (x_i - \bar{X})^2$$

　何か変だと思いませんか。そう、標本数ではなく、（標本数 - 1）で割っていますね。これは、母集団の分散を正しく推定するための修正です。直感的な理解としては、平均を計算するために n 個のデータを用いている。平均を所与とすれば $(n - 1)$ 個のデータを与えられれば、n 個目のデータは決まってしまう、従って、分散を計算するために自由なデータ個数は $(n - 1)$ 個である、と考えてください。$(n - 1)$ を**自由度**と呼びます。こうした調整を施した分散や標準偏差を**不偏分散**、**不偏標準偏差**と呼ぶことがあります。不偏分散とは母集団の分散を偏り無く推定するための分散という意味です。自由度で調整しない標本分散、標本標準偏差は、S^2, S と大文字で表記し、不偏分散、不偏標準偏差は s^2, s と小文字で表記するのが習慣です。

ら正規分布とあまり変わりません（注3）。自由度が小さくなるほど山頂が低く、山裾が厚くなります。直感的な理解としては、データ数が少ないほどバラツキが大きくなると考えてください。

図表16－3　標準正規分布と t 分布

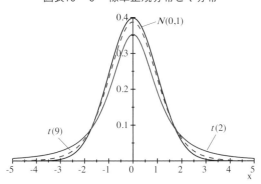

ここで、191頁の t 分布表を見ましょう。上にグラフが出ていて右端の部分にシャドウがかかり、この部分が α と呼ばれています。表の上部には α が.250、.100から.005まで並んでいます。これは、α 部分の面積が全体の25%、10%、0.5%であることを示します。α は推定や検定において例外として除外する地域と考えてください。表の左端が自由度で、いまの例では自由度9です。つぎに、例外として除外する地域、すなわち α の値を指定します。上側の2.5%を除外する場合、自由度9の行と α ＝.025の列の交点である2.262が求める t 値となります。

図表16－4　t 分布表（一部）

自由度 n	α		
	0.05	0.025	0.01
8	1.860	2.306	2.896
9	1.833	2.262	2.821
10	1.812	2.228	2.764

これで、やっと母集団平均の推定・検定に駒を進めることができます。

（注3）データ数が多い場合は、正規分布表を用いて推定や次項で説明する仮説検定を行うこともあります。t 分布表の最終行は正規分布表による値が入っています。

コラム　ギネスビールとt分布

　ｔ分布を発見したのはイギリス人のウィリアム・ゴセット（1876-1937）です。ゴセットさんはギネスビールの技術者で平均と分散を用いながらビールの品質管理をしているうちに、標本数が少ないときには分散に異常な値が出ることに気づき、これがｔ分布の発見につながりました。ゴセットさんはギネスビールとの関係に配慮し、論文はStudentというペンネームで執筆したので、ｔ値のことをstudentのｔと呼ぶことがあります。このように気配りの人だったゴセットさんはサラリーマンとしても大成し、ギネスビールの総主任技師となりました。統計学への貢献もｔ分布にとどまらず、モンテカルロ法（乱数発生法）の開発者の１人としても知られています。モンテカルロ法を用いてｔ分布の検証を行うこだわりの人でもありました。今度ギネスビールを飲むときには、ゴセットさんをしのびつつｔ値の計算公式を思い出しながら飲めば、より一層美味しくいただけるでしょう。

（8）仮説検定 　　　　　　　　　　　　　　　2次 ！

　いよいよ仮説検定です（注）。神様が嘘をついているかどうか調べるわけです。統計学ではこのとき**帰無仮説**(null hypothesis)をたてます。nullというのは、「無効の」とか「ゼロの」という意味で、ゼロになってしまうかもしれないことから「帰無」と呼ばれています。帰無仮説の反対が**対立仮説**（alternative hypothesis）と呼ばれます。帰無仮説が否定されれば対立仮説が生きることになります。否定することを**棄却**（reject）とここでも難しい呼び方をします。棄却しないときには**採択**（accept）することになります。

　さて、やっと猫ちゃんの登場です。神様は日本猫の平均体重は５kgだと言っていますが、われわれのデータでは4.5kgでした。神様は正しい、つまり日本猫の平均体重は５kgである、を帰無仮説としましょう。対立仮説は日本猫の平

（注）証券アナリスト試験では仮説検定は２次レベルで取り上げます。ただし、ここは統計学で最も面白い分野なので、１次受講者の方もざっと読んでおくことをお奨めします。

均体重は 5 kgでない、神様は嘘をついている、です。

　仮説検定の考え方はシンプルです。いま神様が正しいと仮定すると、たまた
ま捕まえた野良猫10匹の標本平均が4.5kgになるのはどのくらいの確率で起こ
り得ることなのかを調べます。もし十分に起こり得るのならば、神様は嘘をつ
いていない可能性が高いと言えます。しかし、もしほとんど起こり得ないのな
らば、神様は嘘をついていると考えます。このとき、判断の基準となる起こり
得なさの確率の大きさのことを**有意水準**と呼びます。有意水準 5 ％で検定して
みましょう。

　まず、神様が正しいとすると、起こる確率が5%以下である事象を特定しな
ければいけません。t 分布表の自由度 9 、アルファ.025のセルを見ると2.262で
す。すなわち、野良猫10匹の標本平均を使ってt 値を計算したときに、2.262よ
りも大きい数字または－2.262よりも小さい数字になると、 5 ％以下の確率でし
か起こり得ないことが発生したことになります（**図表16－5**）。このときには、
神様は嘘をついている可能性が高いと考えますので、帰無仮説を棄却すること
になります。ゆえに、この2.262以上と－2.262以下の区域（図表16－5のシャド
ウ部分）のことを**棄却域**と呼びます。さて、野良猫10匹の標本平均が4.5kgに
なるのはどのくらい起こり得ることなのかを調べてみましょう。μ に検定した
い仮説である 5 kgを代入して、t 値を計算します。

$$t = \frac{\overline{X} - \mu}{s/\sqrt{n}} = \frac{4.5 - 5.0}{0.7/\sqrt{10}} = -2.259$$

ぎりぎりですが棄却域に入っていないので、セーフですね。神様が正しいとす
ると、たまたま捕まえた野良猫10匹の標本平均が4.5kgになる可能性は5%以上
あります。よって帰無仮説は**採択**され、標本平均4.5kgから判断して「**神様は
嘘をついているとは言えない**」ことになります。ただし、「神様は嘘をついて
いない」と断定できるわけではなく、あくまでも「嘘をついているとは言えない」
という消極的な意味であることに注意してください。

　有意水準を10%にしたらどうでしょうか。棄却域は±1.833です。この場合、
計算したt 値は棄却域に入るので**帰無仮説は棄却**され、**対立仮説が採択**されて、
「**神様は嘘をついている**」ことになります（注）。

（注）統計的検定は確率ベースで判断するもので、絶対的な正否を示すものではありません。

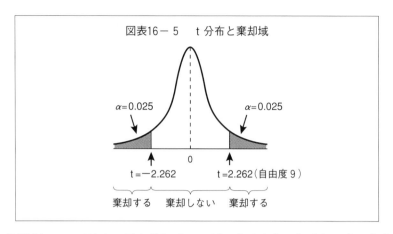

図表16－5　ｔ分布と棄却域

α=0.025　　　　　α=0.025

0

t＝－2.262　　　　t＝2.262（自由度９）

棄却する　棄却しない　棄却する

　棄却域については上の図を常にイメージできるようにしましょう。左右の α ＝0.025はシャドウ部分の確率が各2.5％であることを示します。検定のために計算した t 値が2.262を上回るとシャドウの中に入ります。そんなことは滅多に起こらないので、帰無仮説は棄却されます。2.262を下回ると、シャドウの無い真中部分に入るので、帰無仮説の主張が正しい確率が高いとみて仮説は棄却されず採択されます。

　これまでは、「猫の体重は5kgでない」を対立仮説としてきました（両側検定）。「猫の体重は５kgより重い」（軽い、でも良い）を対立仮説とするのを片側検定と呼びます。この場合には棄却域の場所が異なります。有意水準５％の片側検定では、t＝＋1.833 が境界になります。＋1.833よりも大きい値になると、帰無仮説が棄却されて、「日本猫の平均体重は５kgより重い」ことになります。**図表16－6** を見てご確認ください。

図表16－6　片側検定の棄却域

帰無仮説：猫の体重は5kgである　　　帰無仮説：猫の体重は5kgである
対立仮説：猫の体重は5kgより軽い　　　対立仮説：猫の体重は5kgより重い

α＝0.05　　　　　　　　　　　　　　　　　　　α＝0.05

0　　　　　　　　　　　　　　　　0

t＝－1.833（自由度９）　　　　　　　　t＝1.833（自由度９）

棄却する　棄却しない　　　　　棄却しない　棄却する

練習問題　16－4

　ある株式ポートフォリオの過去5年間における年率アクティブ・リターンの平均は3％、標準偏差（s）は2％であった。「この株式ポートフォリオのアクティブ・リターンは0である」を帰無仮説、「アクティブ・リターンは0ではない」を対立仮説として、5％有意水準で仮説検定しなさい。

（9）母集団平均の推定

　さて今度は、野良猫10匹の標本平均が4.5kgだったという結果から逆に母集団平均はどのような値を取り得るのかを求めてみましょう。この作業が推定です。母集団平均をピンポイントで推定する（点推定）こともありますが、実際にはある程度のレンジで推定することが多く、これを区間推定と呼びます。

　前節の議論から、t値は、よほどレアな（有意水準5％の）事象が起こらない限り－2.262から2.262の範囲内に収まるはずです。すなわち、

$$\frac{\overline{X}-\mu}{s/\sqrt{n}} \geq -2.262$$

$$\frac{\overline{X}-\mu}{s/\sqrt{n}} \leq 2.262$$

調べたいのは母集団平均が取り得る値の範囲ですから、上の式を変形して次の不等式にします。

$$\overline{X}-2.262 \times s/\sqrt{n} \leq \mu \leq \overline{X}+2.262 \times s/\sqrt{n}$$

ここで、標本平均（4.5kg）、不偏標準偏差（0.7kg）、データ数（10）は与えられていますから、上の式に代入すれば母集団平均の推定区間が計算できます。これらの値を代入すると、

$$\overline{X}-t\cdot s/\sqrt{n} \leq \mu \leq \overline{X}+t\cdot s/\sqrt{n}$$

$$4.5-2.262\times0.7/\sqrt{10} \leq \mu \leq 4.5+2.262\times0.7/\sqrt{10}$$

$$4.00 \leq \mu \leq 5.00$$

　10匹の猫のデータから推定した日本の猫全体の平均体重は4kgから5kgの間に入ることが分かりました。なお、この計算では上下2.5％を除外しており、

これを統計学では「**95％信頼係数**における**上方信頼限界**は 5 kg、**下方信頼限界**は 4 kgである」あるいは「**5 ％有意水準**における**区間推定値**は 4 kgから 5 kgである」と表現します。

　統計学で有意という場合、異常に大きいまたは小さいことを意味します。5 ％有意水準とは上下2.5％は異常に大きいまたは小さい値として除外したという意味です。有意水準あるいは信頼係数をどこに設定するかは分析対象や目的によって異なります。証券分析では90％または95％の信頼区間がよく用いられます。

　いやはや、けっこう疲れましたね。お疲れついでに練習問題をやってもらいましょう。

練習問題　**16－5**

　ある株式ポートフォリオの過去 5 年間における年率アクティブリターンの平均は 3 ％、標準偏差（s）は 2 ％であった。これを、標本と考えた場合、このポートフォリオの真の（母集団の）平均を90％信頼区間で求めなさい。

(10) ブラック＝ショールズ・モデル

　統計学の諸概念に慣れたところで、第11章で宿題になっていたブラック＝ショールズ・モデルについて勉強しましょう。

$$C = SN(d) - Ke^{-r\tau}N(d - \sigma\sqrt{\tau})$$

$$\text{ただし、} \quad d = \frac{\log(S/K) + (r + \frac{1}{2}\sigma^2)\tau}{\sigma\sqrt{\tau}}$$

　上がブラック＝ショールズ・モデルによるコール・オプション価格の公式です。見るからに恐ろしい式ですね。またもや、牛肉と香辛料とジャガイモ、ニンジンが嫌いな方のためのビーフカレーの登場です。本節では、この公式を部品に分解し、公式の構造を直感的に理解し、必要な数字が与えられれば実際に計算できるようになることを目標とします。

　① **前提**

　C ＝コール・オプションの価格

　S ＝現在の株価＝3,200円

　K ＝オプションの行使価格＝3,000円

σ ＝株価のボラティリティ＝20％

τ ＝満期までの期間＝３ヶ月　　　　　＊τはタウと読みます。

r ＝１年金利＝１％

$N(x)$ ＝標準正規分布の累積分布関数　　＊$d, d - \sigma\sqrt{\tau}$ は x の具体的な値。

オプションはヨーロッピアンタイプ、当該株式に配当はない。

この前提をもとにコール・オプション価格を根幹部分からステップ毎に積み上げ計算しましょう。

② **ステップ１・・・本質価値**

$$C = S - K = 3{,}200 - 3{,}000 = 200$$

これが、根っこの部分です。株価と行使価格の差が満期時のオプション価格ですから、本質価値を指します。これがしっくり来ない方は、これ以上読んでも無駄です、まず、第11章を読み返してください。

③ **ステップ２・・・行使価格を現価へ**

$$C = S - Ke^{-r\tau} = 3{,}200 - 3{,}000 \times e^{-0.01 \times \frac{3}{12}} = 3{,}200 - 3{,}000 \times \frac{1}{e^{0.0025}}$$

$$\cong 3{,}200 - 3{,}000 \times 0.9975 \cong 3{,}200 - 2{,}993 = 207$$

S は現在の株価ですが、行使価格（K）は３ヶ月後のお金です。そこで K を割り引いて現価を求めます。連続複利を用いていること、１年金利を３ヶ月金利に換算することに注意。オプション価格は200円から207円に７円上がりました。本質価値に時間価値の一部が加わったイメージです。

④ **ステップ３・・・ボラティリティの反映**

$$C = S\,N(d) - Ke^{-r\tau}N(d - \sigma\sqrt{\tau})$$

$$C = 3{,}200\,N(d) - 2{,}993N(d - \sigma\sqrt{\tau})$$

$N(d), N(d - \sigma\sqrt{\tau})$ はオプションが満期時にインザマネーになる確率を示します。カッコ内の値が違うのは、S（現在の株価）は今後３ヶ月間変動するのに対し、K（行使価格）は固定されているからです。$d, d - \sigma\sqrt{\tau}$ を計算しましょう。

$$d = \frac{\log(S/K) + (r + \frac{1}{2}\sigma^2)\tau}{\sigma\sqrt{\tau}} = \frac{\log(3{,}200/3{,}000) + (0.01 + \frac{1}{2} \times 0.2^2) \times 0.25}{0.2 \times \sqrt{0.25}}$$

$$\cong \frac{0.0645 + 0.0075}{0.1} = 0.72$$

$$d - \sigma\sqrt{\tau} = 0.72 - 0.2 \times \sqrt{0.25} = 0.62$$

ここで、0.72と0.62は標準正規分布表におけるz値です。$N(0.72)$は標準正規分布表で$z = 0.72$のセルにある値0.7642、同様に$N(0.62) = 0.7324$です。これで、やっと計算できますね。

$$C = 3{,}200 \times 0.7642 - 2{,}993 \times 0.7324 \cong 2{,}445 - 2{,}192 = 253$$

コール・オプションの価格は253円と計算できました。ステップ2で計算した207円との差額46円がボラティリティの対価と考えられます。

⑤　インプライド・ボラティリティ

ブラック＝ショールズ・モデルは株価、行使価格、ボラティリティ、期間、金利をインプットにオプション価格の理論値を求めるものです。インプットのうちでボラティリティは過去の実績値を用いるのが普通で、これをヒストリカル・ボラティリティと呼びます。一方、市場で成立しているオプション価格から、ボラティリティを逆算することもできます。こうして求めたボラティリティをインプライド・ボラティリティ（直訳すれば暗黙のボラティリティ）と呼びます。新聞などで「株価指数オプションのボラティリティ上昇」などとあるのはインプライド・ボラティリティのことです。ブラック＝ショールズ・モデルはボラティリティはオプションが満期になるまで一定であると想定しますが、インプライド・ボラティリティは刻々と変化します。インプライド・ボラティリティがヒストリカル・ボラティリティに比べて大幅に高くなった場合は、オプションを売る、逆に低くなった場合はオプションを買う、というトレーディングが行われる場合もあります。

⑥　公式の裏にあるもの

　一見難しいブラック＝ショールズ・モデルも上のように分解して実際に計算してみると親しみやすく感じませんか。ただし、ここでは説明しませんがこの公式の裏には幾何ブラウン運動（花粉を水面に落としたときの運動）、熱力学、確率微分方程式といった諸科学の豊かな世界があります。確率微分方程式は日本の数学者伊藤清先生（京大名誉教授）が開発したものです。ブラック＝ショールズ・モデルの中身は証券アナリスト試験に合格後ゆっくり取り組んでくだ

さい。そのための参考文献は巻末の「さらに勉強するために」にあげました。

　なお、これまでのところ（2011年まで）、ブラック＝ショールズ・モデルの計算問題が出題されたことがあるのは、CIIA試験のみです。CIIA試験では、公式集（FORMULAE）が公布されますので公式を暗記する必要はありません。

　以上で本章の説明は終わりです。よく分かりましたか？「ハイッ！」と答えた人は天才かすでに統計学を十分勉強されている方です。証券分析で用いる統計学のコア部分を一気に説明しましたから最初はよく分からなくて当然です。しかし、この部分は分からないまま放置してはいけません。分かるまで何度でも読み返してください。その際、例題部分もご自分で計算されることをおすすめします。それでは、最後にちょっとタフな過去問に挑戦してください。

練習問題　16－6　　　　　　　　　　　　　　　　　　　　　**過去問 ！**

I　各資産クラスの収益率の期待値、標準偏差と相関係数は下表のとおりである。

	期待値	標準偏差	相　関　係　数		
			短期金融資産	国内債券	国内株式
短期金融資産	2%	0%	1	0	0
国内債券	4%	5%	0	1	0.2
国内株式	10%	20%	0	0.2	1

（注）期待値と標準偏差は年率。

問1　国内債券に資金の70%、国内株式に資金の30%を投資するポートフォリオの収益率の標準偏差はいくらになりますか。

A　6.50%　　　　B　7.45%　　　　C　7.53%

D　7.65%　　　　E　8.37%

問2　ある投資家が、国内債券と国内株式からなるA〜Eの5つのポートフォリオと短期金融資産を組み合わせたポートフォリオを保有しようと計画している。投資家がとれるリスクは標準偏差で見て年率5%までである。A〜Eのうち短期金融資産と組み合わせたとき、最大の期待収益率が得られるものはどれですか。

ポートフォリオ	投資比率		期待収益率	標準偏差
	国内債券	国内株式		
A	100%	0%	4.0%	5.00%
B	80%	20%	5.2%	6.20%
C	60%	40%	6.4%	9.09%
D	40%	60%	7.6%	12.55%
E	20%	80%	8.8%	16.23%

問3　ある投資家が3資産を組み合わせて、期待収益率4.5%、標準偏差4.84%のポートフォリオで運用することにした。1年間運用した結果、収益率がマイナスとなる確率はおよそいくらになりますか。ポートフォリオの収益率は正規分布に従うものとして、標準正規分布表を用いて求めなさい。

A　3%　　　　　B　7%　　　　　C　12%　　　　　D　15%　　　　　E　18%

問4　国内株式の期待収益率10%は、1年間の株価指数の上昇率と無リスク利子率との差（超過収益率）を過去30年間について調べ、合計30個のデータについての平均8%を現在の無リスク利子率2%に加えるかたちで推定している。期待超過収益率に関する90%信頼区間はおよそどの範囲になりますか。ただし、超過収益率の標本平均は、期待値がμ%で標準偏差が20%/$\sqrt{標本数}$ の正規分布に従うものとして、標準正規分布表を用いて求めなさい。

A　7.5%≦　μ　≦ 8.5%　　　　　B　7.0%≦　μ　≦ 9.0%

C　6.0%≦　μ　≦10.0%　　　　　D　4.0%≦　μ　≦12.0%

E　2.0%≦　μ　≦14.0%

問5　問4において期待超過収益率（年率）を株価指数の年次収益率30個から推定する代わりに、30年間の株価指数の月次収益率360個から期待超過収益率（月率）を推定し、その値を年率換算するとその精度はどうなりますか。ただし、年次超過収益率の標準偏差は20%とし、また、年次、月次超過収益率ともに独立で同一の分布に従うものとする。

A　標本数が12倍あるので、その精度は格段に向上する。

B　標本数が12倍あるので、その精度はある程度高くなる。

C　推定に使用する期間の長さが同じなので、その精度は変わらない。

D　月次収益率のほうがノイズが多いので、その精度は悪化する。

（平成15年1次試験第5問Ⅳ）

Ⅱ　正規分布について、下記の問いに答えなさい。 2次！

⑴　標準正規分布の平均と分散はそれぞれいくらですか。

⑵　「学力偏差値」とは受験者の学力ランキングを示す数値で、成績が平均点に等しい人の「偏差値」は50、（平均点＋1×標準偏差）に等しい人の「偏差値」は60と決められています。同様に、（平均点＋2×標準偏差）に等しい人の「偏差値」は70、（平均点＋3×標準偏差）に等しい人の「偏差値」は80です。全受験者数を1,000人、点数の分布を正規分布と仮定すると、偏差値60、70、80の人の順位はそれぞれ上位から何番目になりますか。標準正規分布表を用いて、答えは四捨五入して整数で求めなさい。

⑶　今日から1年間のTOPIXの年率リターンの期待値は6％、標準偏差は20％とします。TOPIXのリターンが正規分布に従うと仮定して、1年後のTOPIX指数値が今日より上昇している確率を計算しなさい。なお、この問題ではTOPIXの配当を無視するものとします。

（平成20年2次試験2時限第5問問2）

2次！

Ⅲ　株式ファンドについて、TOPIXに対する超過リターンを計算して、TOPIXとの間に統計的に有意なリターンの差があるかどうかを調べたい。

⑴　両側検定を行う場合の帰無仮説と対立仮説が何であるか、述べなさい。

⑵　ファンドAについて計算したところ、過去5年の月次超過リターンの標本平均は0.38％、標本標準偏差は1.24％であった。このファンドとTOPIXのリターンの間に有意な差があるといえるか、仮説検定を行いなさい。なお、有意水準は5％とし、191頁のt分布表を用いて解答すること。

（平成22年2次試験2時限第7問問1⑴、⑵）

標準正規分布表

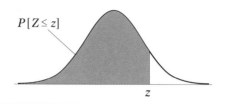

$P[Z \leq z]$

z

z	.00	.01	.02	.03	.04	.05	.06	.07	.08	.09
.0	.5000	.5040	.5080	.5120	.5160	.5199	.5239	.5279	.5319	.5359
.1	.5398	.5438	.5478	.5517	.5557	.5596	.5636	.5675	.5714	.5753
.2	.5793	.5832	.5871	.5910	.5948	.5987	.6026	.6064	.6103	.6141
.3	.6179	.6217	.6255	.6293	.6331	.6368	.6406	.6443	.6480	.6517
.4	.6554	.6591	.6628	.6664	.6700	.6736	.6772	.6808	.6844	.6879
.5	.6915	.6950	.6985	.7019	.7054	.7088	.7123	.7157	.7190	.7224
.6	.7257	.7291	.7324	.7357	.7389	.7422	.7454	.7486	.7517	.7549
.7	.7580	.7611	.7642	.7673	.7704	.7734	.7764	.7794	.7823	.7852
.8	.7881	.7910	.7939	.7967	.7995	.8023	.8051	.8078	.8106	.8133
.9	.8159	.8186	.8212	.8238	.8264	.8289	.8315	.8340	.8365	.8389
1.0	.8413	.8438	.8461	.8485	.8508	.8531	.8554	.8577	.8599	.8621
1.1	.8643	.8665	.8686	.8708	.8729	.8749	.8770	.8790	.8810	.8830
1.2	.8849	.8869	.8888	.8907	.8925	.8944	.8962	.8980	.8997	.9015
1.3	.9032	.9049	.9066	.9082	.9099	.9115	.9131	.9147	.9162	.9177
1.4	.9192	.9207	.9222	.9236	.9251	.9265	.9279	.9292	.9306	.9319
1.5	.9332	.9345	.9357	.9370	.9382	.9394	.9406	.9418	.9429	.9441
1.6	.9452	.9463	.9474	.9484	.9495	.9505	.9515	.9525	.9535	.9545
1.7	.9554	.9564	.9573	.9582	.9591	.9599	.9608	.9616	.9625	.9633
1.8	.9641	.9649	.9656	.9664	.9671	.9678	.9686	.9693	.9699	.9706
1.9	.9713	.9719	.9726	.9732	.9738	.9744	.9750	.9756	.9761	.9767
2.0	.9772	.9778	.9783	.9788	.9793	.9798	.9803	.9808	.9812	.9817
2.1	.9821	.9826	.9830	.9834	.9838	.9842	.9846	.9850	.9854	.9857
2.2	.9861	.9864	.9868	.9871	.9875	.9878	.9881	.9884	.9887	.9890
2.3	.9893	.9896	.9898	.9901	.9904	.9906	.9909	.9911	.9913	.9916
2.4	.9918	.9920	.9922	.9925	.9927	.9929	.9931	.9932	.9934	.9936
2.5	.9938	.9940	.9941	.9943	.9945	.9946	.9948	.9949	.9951	.9952
2.6	.9953	.9955	.9956	.9957	.9959	.9960	.9961	.9962	.9963	.9964
2.7	.9965	.9966	.9967	.9968	.9969	.9970	.9971	.9972	.9973	.9974
2.8	.9974	.9975	.9976	.9977	.9977	.9978	.9979	.9979	.9980	.9981
2.9	.9981	.9982	.9982	.9983	.9984	.9984	.9985	.9985	.9986	.9986
3.0	.9987	.9987	.9987	.9988	.9988	.9989	.9989	.9989	.9990	.9990
3.1	.9990	.9991	.9991	.9991	.9992	.9992	.9992	.9992	.9993	.9993
3.2	.9993	.9993	.9994	.9994	.9994	.9994	.9994	.9995	.9995	.9995
3.3	.9995	.9995	.9995	.9996	.9996	.9996	.9996	.9996	.9996	.9997
3.4	.9997	.9997	.9997	.9997	.9997	.9997	.9997	.9997	.9997	.9998
3.5	.9998	.9998	.9998	.9998	.9998	.9998	.9998	.9998	.9998	.9998

（注）　縦軸は z の小数点以下第1位まで、横軸は小数点以下第2位を示している。

t 分布表

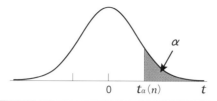

自由度	α							
n	.250	.100	.050	.025	.010	.00833	.00625	.005
1	1.000	3.078	6.314	12.706	31.821	38.190	50.923	63.657
2	.816	1.886	2.920	4.303	6.965	7.649	8.860	9.925
3	.765	1.638	2.353	3.182	4.541	4.857	5.392	5.841
4	.741	1.533	2.132	2.776	3.747	3.961	4.315	4.604
5	.727	1.476	2.015	2.571	3.365	3.534	3.810	4.032
6	.718	1.440	1.943	2.447	3.143	3.287	3.521	3.707
7	.711	1.415	1.895	2.365	2.998	3.128	3.335	3.499
8	.706	1.397	1.860	2.306	2.896	3.016	3.206	3.355
9	.703	1.383	1.833	2.262	2.821	2.933	3.111	3.250
10	.700	1.372	1.812	2.228	2.764	2.870	3.038	3.169
11	.697	1.363	1.796	2.201	2.718	2.820	2.981	3.106
12	.695	1.356	1.782	2.179	2.681	2.779	2.934	3.055
13	.694	1.350	1.771	2.160	2.650	2.746	2.896	3.012
14	.692	1.345	1.761	2.145	2.624	2.718	2.864	2.977
15	.691	1.341	1.753	2.131	2.602	2.694	2.837	2.947
16	.690	1.337	1.746	2.120	2.583	2.673	2.813	2.921
17	.689	1.333	1.740	2.110	2.567	2.655	2.793	2.898
18	.688	1.330	1.734	2.101	2.552	2.639	2.775	2.878
19	.688	1.328	1.729	2.093	2.539	2.625	2.759	2.861
20	.687	1.325	1.725	2.086	2.528	2.613	2.744	2.845
21	.686	1.323	1.721	2.080	2.518	2.601	2.732	2.831
22	.686	1.321	1.717	2.074	2.508	2.591	2.720	2.819
23	.685	1.319	1.714	2.069	2.500	2.582	2.710	2.807
24	.685	1.318	1.711	2.064	2.492	2.574	2.700	2.797
25	.684	1.316	1.708	2.060	2.485	2.566	2.692	2.787
26	.684	1.315	1.706	2.056	2.479	2.559	2.684	2.779
27	.684	1.314	1.703	2.052	2.473	2.552	2.676	2.771
28	.683	1.313	1.701	2.048	2.467	2.546	2.669	2.763
29	.683	1.311	1.699	2.045	2.462	2.541	2.663	2.756
30	.683	1.310	1.697	2.042	2.457	2.536	2.657	2.750
40	.681	1.303	1.684	2.021	2.423	2.499	2.616	2.704
60	.679	1.296	1.671	2.000	2.390	2.463	2.575	2.660
120	.677	1.289	1.658	1.980	2.358	2.428	2.536	2.617
∞	.674	1.282	1.645	1.960	2.326	2.394	2.498	2.576

第17章　＜統計学基礎　4＞　回帰分析と多変量解析

　本章では最初に、2変数間の因果関係を分析するためのツールとして回帰分析についてやや詳しく勉強します。現実の世界には多数の変数が複雑にからみあう事象が多く、2以上の変数間の関係を分析する多変量解析も必要となります。多変量解析は重回帰分析、主成分分析、因子分析に分けられます。多変量解析については、計算方法の詳細には立ち入らず出力結果を分析・把握できるようになることを目標とします。

（1）回帰分析

①回帰分析とは何か

　回帰分析とはある変数（例えば株価指数の収益率）によって他の変数（例えばA株の収益率）を**説明**することです。第16章で勉強した相関分析は単に関係の有無をチェックするものでしたが、回帰分析は主従関係または因果関係をチェックしようというものです。上の例における株価指数の収益率を説明変数または独立変数と呼び、A株の収益率を被説明変数または従属変数と呼ぶことがあります。回帰分析には説明変数がひとつの単回帰分析と複数の重回帰分析がありますが、はじめに単回帰分析の勉強をします。

　証券分析では単回帰分析を株式のシングル・ファクターモデル（マーケット・モデル）で用います。株価指数の収益率をM、A株の収益率をAとするとモデルは下記のようになります。なお、ここでの収益率は無リスク利子率を上回る超過収益率を指すこともあります。

$$A = \alpha + \beta M + \varepsilon$$

　上の式をグラフにしたのが、**図表17－1**です。図に見るとおり、αはY軸の切片であり、βは直線の傾きです。この直線はAとMとの関係の推計式であり、実際のデータはほとんどの場合、直線の上下にばらつくことになります。ε（イプシロン）は実際のデータと直線上の推計値の幅を示すもので、攪乱項、誤差または残差などと呼ばれます。このモデルでは、攪乱項の期待値はゼロ、異なる資産間の攪乱項の共分散はゼロであると仮定します。

　AとMの観測値から、シングル・ファクターモデルを求める例を考えましょう。結論から言うとαとβは次のように計算します。

$$\hat{\alpha} = \overline{A} - \hat{\beta}\overline{M}$$

$$\hat{\beta} = \frac{S_{AM}}{S_M^2}$$

　上の式で例えば$\hat{\alpha}$はハットアルファと読んでアルファの推計値を意味します。$\overline{A}$は覚えていますか？バーエーと読んで平均値のことですね。

　上の式で$\hat{\alpha}$はイプシロンの平均がゼロという仮定を用いれば単なる定義式の変形ですから分かりやすいと思います。$\hat{\beta}$のほうはどうして（共分散÷Mの分散）で計算できるのでしょうか。これを理解するためには最小2乗法を勉強する必要があります。しかし、その前に$\hat{\beta}$のもうひとつの計算法を確認しておきましょう。

$$\rho(A, M) = \frac{S_{AM}}{S_A S_M}$$

$$\rho(A, M) \times \frac{S_A}{S_M} = \frac{S_{AM}}{S_A S_M} \times \frac{S_A}{S_M} = \frac{S_{AM}}{S_M^2} = \hat{\beta}$$

相関係数に$S_A \big/ S_M$を掛ければベータが計算できます。共分散が不明でも相関係数とA、Mの標準偏差が分かれば計算できるわけですね（注）。

図表17－1　回帰分析

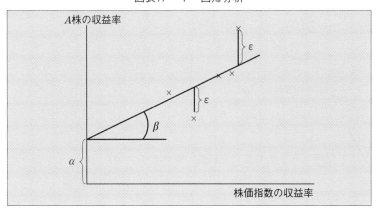

（注）統計学のテキストでは真の相関係数をρ、標本から計算した相関係数をrと使い分けることもあります。証券分析ではrを金利の意味で用いることが多いせいか、相関係数はほぼ常にρで表記します。なお、相関係数は英語ではcorrelation coefficientなのでcでも良さそうですが、relationに敬意を表してρまたはrで表記します。

②最小2乗法

　観察された変数の間に最もあてはまりが良い直線を引くために使用される手法が**最小2乗法**です。最小2乗法とは、攪乱項、先の例ではイプシロンを2乗して合計した値が最も少なくなるようにαとβを決めるという方法です。イプシロンはαやβでは説明できない残りの部分ですから、これが少ないほど直線のフィットは良いはずですね。わざわざ2乗してから合計するのは、攪乱項の期待値はゼロなので単に合計するだけでは相殺しあってゼロになってしまうためです。

　どのようにして最小2乗和を求めるのかを示しましょう。以下の導出過程を暗記する必要はありませんが、これまでの総復習もかねてロジックはよく理解するようにしてください。データ数をn、誤差の2乗和をEとすると、

$$E = \sum_{i=1}^{n} \varepsilon_i^2 \qquad \text{(以下シグマの上下の記号省略)}$$
$$= \sum \left[A_i - (\alpha + \beta M_i) \right]^2$$
$$= \sum (A_i - \alpha - \beta M_i)^2$$
$$= \sum (A_i^2 + \alpha^2 + \beta^2 M_i^2 - 2\alpha A_i + 2\alpha\beta M_i - 2\beta A_i M_i)$$

となります。Eを最小にするためには上式をαとβで偏微分して0とおきます。

$$\frac{\partial E}{\partial \alpha} = \sum (2\alpha - 2A_i + 2\beta M_i)$$
$$= -2 \sum (A_i - \alpha - \beta M_i) = 0$$

$$\frac{\partial E}{\partial \beta} = \sum (2\beta M_i^2 + 2\alpha M_i - 2A_i M_i)$$
$$= -2 \sum M_i (A_i - \alpha - \beta M_i) = 0$$

　上の式を整理すると次の連立方程式になります。

$$n\alpha + \beta \sum M_i = \sum A_i$$

$$\alpha \sum M_i + \beta \sum M_i^2 = \sum A_i M_i$$

　A_i, M_iが観測値から得られれば、未知数はαとβの2つなので連立方程式を

解くことができます。最初に β の推定値を求めると、

$$\hat{\beta} = \frac{\sum A_i M_i - \frac{1}{n} \sum A_i \sum M_i}{\sum M_i^2 - \frac{1}{n}(\sum M_i)^2} \qquad \text{ここで、例えば} \sum A_i = n\overline{A} \text{ なので、}$$

$$= \frac{\sum A_i M_i - n\overline{A}\,\overline{M}}{\sum M_i^2 - n\overline{M}^2}$$

$$= \frac{\sum (A_i - \overline{A})(M_i - \overline{M})}{\sum (M_i - \overline{M})^2}$$

これを β に代入して、

$$\hat{\alpha} = \overline{A} - \beta \overline{M}$$

となります。

③回帰分析の計算

回帰分析の結果は一般的に次のように示されます。

$$Y = 0.5 + 1.5X \qquad\qquad R^2 = 0.82$$
$$(0.23)(0.56) \qquad\qquad \text{カッコ内は標準誤差。}$$

攪乱項がありませんが、これは 0 と仮定しているためです。例題によって回帰分析を実際に計算してみましょう。R^2（r squared と読みます）や標準誤差は例題の中で説明します。

例題：次頁の表に過去 7 年間の株価指数収益率と A 株収益率が示されている（ともに無リスク利子率を上回る超過収益率ベース）。株価指数収益率を説明変数にして回帰分析を行いなさい。

（単位：％）

年	指数（M_i）	A株（A_i）
1	10.0	10.2
2	15.0	16.0
3	−20.0	−24.0
4	5.0	4.0
5	−10.0	−12.0
6	20.0	23.0
7	5.0	8.0

解答：次の表を作って数字を計算します。

年	指数（M_i）	A株（A_i）	M_i^2	A_i^2	$A_i M_i$
1	10.0	10.2	100.0	104.0	102.0
2	15.0	16.0	225.0	256.0	240.0
3	−20.0	−24.0	400.0	576.0	480.0
4	5.0	4.0	25.0	16.0	20.0
5	−10.0	−12.0	100.0	144.0	120.0
6	20.0	23.0	400.0	529.0	460.0
7	5.0	8.0	25.0	64.0	40.0
合計	25.0	25.2	1,275.0	1,689.0	1,462.0
平均	3.57	3.60	182.14	241.29	208.86

まずMの標本分散とA，Mの標本共分散を計算します。

$$S_M^2 = \frac{1}{n}\sum M_i^2 - \bar{M}_i^2 = \frac{1}{7}\times 1,275.0 - 3.57^2 \cong 169.40$$

$$S_{AM} = \frac{1}{n}\sum_{i=1}^{n} A_i M_i - \bar{A}\bar{M}$$
$$= \frac{1}{7}\times 1,462.0 - 3.60\times 3.57 \cong 196.01$$

これを用いて$\hat{\beta}$と$\hat{\alpha}$を計算します。

$$\hat{\beta} = \frac{S_{AM}}{S_M^2} = \frac{196.01}{169.40} \cong 1.16$$

$$\hat{\alpha} = \bar{A} - \hat{\beta}\bar{M} = 3.60 - 1.16 \times 3.57 \cong -0.54$$

　次に R^2 を計算します。R^2 は**決定係数**と呼ばれ、A 株の収益率の変動のうちどの程度が株価指数収益率の変動で説明されるかを示します。R^2 は相関係数の2乗です。A の分散が分かれば相関係数が計算できます。

$$S_A^2 = \frac{1}{n}\sum A_i^2 - \bar{A}^2 = 241.29 - 3.60^2 = 228.33$$

$$\rho(A, M) = \frac{S_{AM}}{S_A S_M} = \frac{196.01}{\sqrt{228.33} \times \sqrt{169.40}} \cong 0.9966$$

$$R^2 = \rho^2 = 0.9966^2 \cong 0.9932$$

　決定係数は 0 〜 1 の間の値を取ります。相関係数が −1 〜 1 の間の値を取るので、それを2乗した決定係数は当然 0 〜 1 になります。決定係数 1 は被説明変数の変動が全て説明変数で説明できることを意味します。例題の 0.9932 は極めて説明力が高いことになります。

　ところで、何で R^2 が ρ^2 なの、と疑問に思いませんでしたか。ギリシャ文字の ρ （ロー）は英語の r に相当するのですね。それなら、ρ^2 と呼べば良さそうですが、どういうわけか R^2 と呼ばれます。

　さて、α と β の標準誤差を計算するためには攪乱項の2乗和を計算する必要があります。攪乱項は上の $\hat{\alpha}$ と $\hat{\beta}$ によって計算される理論値と実際のデータの差なので、

$$\hat{\varepsilon} = A_i - \hat{A}_i = A_i - (\hat{\alpha} + \hat{\beta}M_i)$$

となります。ここでも表を作って計算してみましょう。

年	指数（M_i）	A株（A_i）	$\hat{A}_i$	$\varepsilon_i = A_i - \hat{A}_i$	$\hat{\varepsilon}_i^2$
1	10.0	10.2	11.06	-0.86	0.74
2	15.0	16.0	16.86	-0.86	0.74
3	-20.0	-24.0	-23.74	-0.26	0.07
4	5.0	4.0	5.26	-1.26	1.59
5	-10.0	-12.0	-12.14	0.14	0.02
6	20.0	23.0	22.66	0.34	0.12
7	5.0	8.0	5.26	2.74	7.51
合計	25.0	25.2	25.22	-0.02	10.79
平均	3.57	3.60	3.60	0.00	1.54

攪乱項の分散は次のように計算します。

$$\hat{\sigma}^2 = \frac{\sum_{i=1}^{n} \hat{\varepsilon}_i^2}{n-2} = \frac{10.79}{7-2} \cong 2.16$$

$\hat{\sigma}^2$の平方根（$\hat{\sigma}$）は攪乱項の標準誤差と呼ばれます。なお、上の式で分母が（$n-2$）になっていますが、これは不偏分散を求めるための調整です。標本平均のときは（$n-1$）でしたが、回帰分析で攪乱項の標準誤差を求めるときには（n − 説明変数の数 − 1）で割ります。単回帰分析では説明変数は1つ（ここではM）ですので、（$n-2$）で割ります。（$n-2$）が自由度になります。

$\hat{\sigma}^2$を用いてαとβの標準誤差（Standard Error:SE）を次のように計算します。

$$SE(\hat{\alpha}) = \sqrt{\frac{\sum M_i^2}{n \sum (M_i - \bar{M})^2} \hat{\sigma}^2} = \sqrt{\frac{\sum M_i^2}{n(\sum M_i^2 - n\bar{M}^2)} \hat{\sigma}^2}$$

$$= \sqrt{\frac{1,275.0}{7 \times (1,275.0 - 7 \times 3.57^2)} \times 2.16} \cong 0.576$$

$$SE(\hat{\beta}) = \sqrt{\frac{\hat{\sigma}^2}{\sum (M_i - \bar{M})^2}} = \sqrt{\frac{\hat{\sigma}^2}{\sum M_i^2 - n\bar{M}^2}} = \sqrt{\frac{2.16}{1,275.0 - 7 \times 3.57^2}} \cong 0.043$$

以上をまとめると、回帰分析の結果は次のとおりとなります。

$$A = -0.54 + 1.16M \qquad R^2 = 0.99$$
$$(0.576)\ (0.043) \qquad カッコ内は標準誤差$$

コラム　Data Snooping Bias

　相関分析や回帰分析は理論的に意味のある変数を用いて行う必要があります。回帰分析ではさらにどちらが主でどちらが従であるかという理論的な因果関係も必要です。データをいじっているうちに理論的に意味の無い変数間に強い相関を認め、これが意味があるかのように間違えがちなことをData Snooping Biasと呼びます。1例をあげると、ここ数年間、私の猫の体重と私の体重の間には強い正の相関が認められます。先方は子猫から成長しつつあり、当方は中年太りを続けているためです。相関係数がどんなに高くてもこの現象には何らの理論的裏づけもありません。ちなみに、Snoopingは「詮索」を意味します。犬のSnoopyは「詮索ちゃん」。何だか変な名前ですね。

　なお、上では勉強のために手計算の方法を示しましたが、例えばエクセルの「分析ツール」にある「回帰分析」を用いるとあっという間に計算結果が得られます。Data Snooping Bias にこだわらず、身近なデータを入力して遊んでみてください。回帰分析に慣れる良い練習になります。

④回帰分析と検定　　　　　　　　　　　　2次 ！

　過去の実績値に基づいて α や β を求めるのは、これを将来の投資行動に役立てるためです。この意味で過去実績は将来も含む母集団の標本と考えて仮説検定を行います。例題を通じて勉強しましょう。

例題：③で求めた α について、帰無仮説 $\alpha = 0$、対立仮説 $\alpha < 0$ を有意水準5％で仮説検定しなさい。 β については、帰無仮説 $\beta = 0$ 、対立仮説 $\beta \neq 0$ を有意水準5％で検定しなさい。

解答：与えられたデータは次のとおり。

$$A = -0.54 + 1.16M \qquad\qquad R^2 = 0.99$$

$$(0.576)\ (0.043) \qquad\qquad カッコ内は標準誤差$$

α の t 値は次のように標準誤差を用いて計算します。

$$t_\alpha = \frac{\hat{\alpha} - 0}{SE(\hat{\alpha})} = \frac{-0.54}{0.576} = -0.9375$$

データ数は 7 、自由度は 5 ですので t 分布表の自由度 5 、有意水準 5 ％のセルを見ると2.015です。対立仮説は $\alpha < 0$ で、分布の左側部分の片側検定をします。従って、 t 分布表の値を－2.015と読み替えます。問題の t 値はこれを越えておらず帰無仮説は棄却されない。すなわち、α は 0 である可能性があり、$\alpha <$ 0 とは言えない。α は有意ではない。

$$t_\beta = \frac{\hat{\beta} - 0}{SE(\hat{\beta})} = \frac{1.16}{0.043} \cong 26.9767$$

今度は対立仮説が $\beta \neq 0$ なので、両側検定を意味します。従って、 t 分布表の自由度 5 、有意水準0.025（両側 5 ％）のセルを見ると2.571。問題の t 値はこれを上回っており、帰無仮説は棄却されます。β は 0 ではなく、統計的に有意であることになります（注）。

⑤回帰分析結果のもうひとつの表示法

回帰分析結果は、下のように t 値を示して表記されることもあります。

$$A = -0.54 + 1.16M \qquad R^2 = 0.99$$
$$(-0.94)\ (26.98) \qquad \text{カッコ内は } t \text{ 値}$$

この場合、データ数にもよりますが、概ね t 値が±2 を上回っていればその係数は**有意**であると考えるのが一般的です。上の例の場合、R^2＝0.99で全体の説明力が強いことを確認し、次に t 値を見て、α は有意ではないが、β は有意であると判断します。

（注）この例題で β は両側検定、α は片側検定しているのは何故でしょうか。$\beta = 0$ は M と A は無相関を意味するのでとても重要な値です。このようにある特定の値と等しいかどうか調べるときには両側検定を行います。この例では、無リスク利子率を上回る超過収益率を分析対象にしているので、α は 0 になるはずです。もし、本当にマイナスなら A 株は買うべきではありません。このように、理論的に特定の値が予想できる場合には片側検定を行います。

練習問題　17－1　　　　　　　　　　　　　　　　　**過去問！**

　ある株式ファンドのパフォーマンス評価のため、市場モデルに基づく以下の回帰分析を行った。使用したデータは、ファンドと株式市場インデックスの過去２年間、24個の月間超過収益率である。超過収益率とは、収益率と無リスク利子率との差である。

$$y_t = \alpha + \beta x_t + u_t \qquad t = 1, 2, \cdots, T$$

y_tはファンドの超過収益率（％）、x_tはインデックスの超過収益率（％）、u_tは撹乱項、tは月を表わす。観測期間は24カ月（T =24）である。回帰分析の結果を以下の図表に示す。

（図　表）

$\hat{\alpha}$	0.30	x の標本平均 $\bar{x}$	0.93
$\hat{\alpha}$ の標準誤差	0.43	x の標本分散 S_x^2	31.4
$\hat{\beta}$	①	y の標本平均 $\bar{y}$	1.19
$\hat{\beta}$ の標準誤差	0.076	y の標本分散 S_y^2	32.9
標準誤差 $\hat{\sigma}$	2.08	x と y の標本共分散 S_{xy}^2	30.1
決定係数 R^2	②		

（注）標本分散および標本共分散は平均からの偏差の２乗和ないし積和をTで割った値、標準誤差は残差平方和を（$T-2$）で割った値。

問1　$\hat{\beta}$（図表空欄①）はいくらになりますか。

　A　0.91　　　B　0.96　　　C　1.00
　D　1.04　　　E　1.05

問2　決定係数 R^2（図表空欄②）はいくらになりますか。

　A　0.64　　　B　0.72　　　C　0.80
　D　0.88　　　E　0.96

問3　この株式ファンドのパフォーマンス（リスク調整後の超過リターン）が市場インデックスを下回ることはないことを前提とし、株式ファンドが有意に市場インデックスを上回っているかどうかの仮説検定、すなわち、帰無仮

説を $\alpha = 0$ とし、対立仮説を $\alpha > 0$ とする片側検定を行った。この検定の結果に関する次の記述のうち、正しいものはどれですか。ただし、検定に必要な分布表は以下に示されている。

A　有意水準 1 ％で帰無仮説は棄却された。

B　帰無仮説は有意水準 5 ％で棄却されたが、有意水準 1 ％では棄却されなかった。

C　帰無仮説は有意水準10％で棄却されたが、有意水準 5 ％では棄却されなかった。

D　帰無仮説は有意水準10％でも棄却されなかった。

t 分 布 表

n ＼ α	0.1	0.05	0.025	0.01	0.005
1	3.078	6.314	12.706	31.821	63.657
10	1.372	1.812	2.228	2.764	3.169
20	1.325	1.725	2.086	2.528	2.845
25	1.316	1.708	2.060	2.485	2.787
120	1.289	1.658	1.980	2.358	2.617
∞	1.282	1.645	1.960	2.326	2.576

（平成13年 1 次試験第 5 問Ⅲ問 1 、 3 、 4 ）

（2）多変量解析　　　　　　　　　2次 !

①重回帰分析

重回帰分析の一般式は次のようになります。

$$y = \alpha + \beta_1 x_1 + \beta_2 x_2 + \cdots + \beta_n x_n + \varepsilon$$

重回帰分析は単回帰分析ではひとつだった説明変数（ x ）を複数にしたものです。すなわち、ある変数を他の複数の変数で説明しようとする試みです。$\beta_1 \sim \beta_n$ は単回帰分析と同様に残差（ ε ）の 2 乗和が最小になるように計算されます。計算結果のチェックも単回帰分析と同様に R^2 や標準誤差、 t 値を用いて行います。重回帰分析において説明変数の数を増やすと一般的にモデルの表面的な説明力（決定係数）は高まりますが、信頼性は低くなることがあります。性格が似ている（相関関係が強い）説明変数を複数用いたときにこうした現象が

生じ、これは**多重共線性**（multi‐collinearity、略してマルチコ）と呼ばれます。重回帰分析と因子分析の一般式は同じように見えますが、根本的な違いは重回帰分析における $(x_1, x_2, \cdots, x_n)$ は元データそのものですが、因子分析においてはこれに相当するものは因子得点といって**モデルが自分で作る**ところにあります。

②ケースの説明

　主成分分析と因子分析を本当に理解するためには線形代数の知識が必要ですが、ここでは計算方法には立ち入らず、実際のケースを統計ソフトを用いて分析したアウトプットを用いて説明します。主成分分析と因子分析の背後にある考え方を直感的に理解してもらうのが目的です。それでは、最初にケース・データについて説明します。

　図表17－2は2011年8月10から9月5日までの4種類の株式のリターンを示しています。Bは大型株、Sは小型株、Hは簿価／時価比率が高い株式、Lは簿価／時価比率が低い株式を意味します（注）。各銘柄（BH〜SL）を変量（variate）と呼びます。各セルの値（例えば2011年9月5日のBH銘柄のリターン＝−3.16）を観測値またはデータと呼びます。

図表17－2　株式リターンのデータ

	BH	BL	SH	SL
2011/9/ 5	−3.16	−0.14	−6.15	0.48
2011/9/ 2	−0.63	−0.27	−1.06	0.49
2011/9/ 1	1.92	1.17	3.28	1.98
2011/8/31	−0.64	1.54	−3.17	−1.46
2011/8/30	1.29	−0.14	6.18	0.00
2011/8/29	0.65	2.57	4.71	0.99
2011/8/26	0.00	0.36	1.49	1.00
2011/8/25	1.99	−0.85	3.72	−0.99
2011/8/24	−1.31	−0.64	−4.15	0.00

(注)　簿価／時価比率が高い株式のことをバリュー株あるいは割安株、簿価／時価比率が低い株式をグロース株あるいは割高株と呼びます。BH銘柄としてNEC、BL銘柄として資生堂、SH銘柄としてTOWA、SL銘柄として白洋舍の株価データを使用しております。

2011/8/23	3.38	1.22	4.01	2.53
2011/8/22	−1.99	0.72	−7.43	−1.49
2011/8/19	−2.58	−0.57	−6.42	−0.50
2011/8/18	−1.90	−0.29	−1.58	0.00
2011/8/17	1.28	−0.43	−3.31	−0.49
2011/8/16	−0.64	−0.35	1.03	0.00
2011/8/15	1.29	2.17	−0.77	0.00
2011/8/12	−1.27	1.02	0.77	2.53
2011/8/11	−1.26	−0.65	0.00	−2.46
2011/8/10	1.27	2.15	5.14	5.73

　これらのデータをこれまでに学んだ手法で分析すれば**図表17− 3 〜 4**の情報が得られます。

図表17− 3　平均と標準偏差

	BH	BL	SH	SL
平均	−0.12	0.45	−0.20	0.44
標準偏差	1.77	1.09	4.13	1.83

図表17− 4　相関行列

相関行列	BH	BL	SH	SL
BH	1	0.375	0.757	0.377
BL	0.375	1	0.344	0.526
SH	0.757	0.344	1	0.508
SL	0.377	0.526	0.508	1

　この 2 表からは、2011年 8 月10日から 9 月 5 日までの期間に関してはBL銘柄が最もローリスク・ハイリターンであったこと、対してSH銘柄が最もハイリスク・ローリターンであったこと、SH銘柄とBH銘柄の相関が最も高く、BL銘柄とSH銘柄の相関が比較的低いこと等様々な情報が読み取れます。

　これから勉強する主成分分析と因子分析は、こうしたデータを利用してBH

〜SL銘柄の４変量ではなく、もっと少ない変量にデータの特徴をまとめよう（主成分分析）、BH〜SL銘柄の背後に隠れているより本質的な構成要素を抽出しよう（因子分析）というものです。なお、以下の分析は統計ソフト「エクセル統計2010」（(株)社会情報サービス）を用いて行いました。

③主成分分析

まず、主成分分析のアウトプットは次のようになります。

図表17－5　主成分分析のアウトプット

固有値表	固有値	寄与率	累積寄与率
主成分No.1	2.4553	61.38%	61.38%
主成分No.2	0.8392	20.98%	82.36%
主成分No.3	0.4926	12.31%	94.67%
主成分No.4	0.2130	5.33%	100%

固有ベクトル	主成分No.1	主成分No.2	主成分No.3	主成分No.4
BH	0.5230	−0.4877	−0.2971	−0.6327
BL	0.4395	0.6274	−0.6197	0.1707
SH	0.5458	−0.4240	0.1523	0.7065
SL	0.4852	0.4344	0.7103	−0.2673

主成分負荷量	主成分No.1	主成分No.2	主成分No.3	主成分No.4
BH	0.8195	−0.4468	−0.2085	−0.2920
BL	0.6887	0.5748	−0.4349	0.0788
SH	0.8552	−0.3884	0.1069	0.3261
SL	0.7602	0.3979	0.4985	−0.1233

　最初の表には４個の**主成分**に対応する**固有値**が示されています。主成分とは変量（BH〜SL）に**ウェイトを掛けて合成**したもの（合成変量）です。変量は標準化（平均０、分散１）しておき、ウェイトは２乗した合計が１になるようにします。単純合計ではなく２乗和にするのはマイナスのウェイトも認めるためです。ウェイトは合成変量の**分散が最大**になるように求めます。分散が最大

ということは、変量の**変動を最も良く説明**するということです。数式で書けば
次のようになります。

　元の変量をR_{BH}、R_{BL}、R_{SH}、R_{SL}とし、ウェイトをw_1〜w_4、合成変量を z とする。

　$z = w_1 R_{BH} + w_2 R_{BL} + w_3 R_{SH} + w_4 R_{SL}$

　$maxVar(z)$　　　$subject\quad to\quad w_1^2 + w_2^2 + w_3^2 + w_4^2 = 1$

　第 1 主成分を求めた後で、第 2 主成分を求めますがこの時にはさらに、第 1
主成分と無相関という新たな制約条件をつけてウェイトを求めます。以下同様
にウェイトを求めます。2 変量の場合の幾何学的なイメージを示すと**図表17−
6**のようになります。データが右上方向に向かって楕円状に広がっているとす
ると、この変動を最も良く捉えるのは右上方向（楕円の長軸）への直線でこれ
が第 1 主成分です。これは単回帰分析で切片と傾きを決めて線を引くのと同じ
イメージです。相関係数は幾何学的には直線の角度として表現でき、無相関と
は直交する（角度が90度）ということです。従って、図に示したとおり、第 2
主成分は楕円の短軸方向の直線になります。第 3 主成分まで考えるときはデー
タは、3 次元空間の中に湯たんぽあるいは水枕状に広がっていると考えましょ
う。一番長い方向の直線が第 1 主成分、湯たんぽの幅にあたる方向が第 2 主成
分、高さにあたる方向が第 3 主成分です。それぞれ、直交しており無相関です。
図表17− 6では楕円のどこかに平面に垂直な線が立っているイメージです。第
4 主成分までいくと 4 次元の世界になるので、普通の人間には目で見ることが
できませんが、同じ原理で主成分が求められます。なお、数学者には 4 次元が
見えると主張する人が沢山いるようです。

図表17− 6　第 1 ・第 2 主成分のイメージ

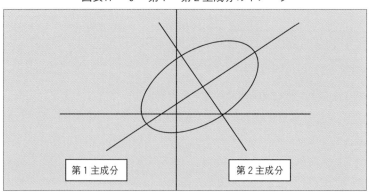

　さて、主成分は最大で変量の数と同じだけ取れます。ここでは最大の第4主成分まで示してあります。各主成分には固有値が与えられています。固有値とは**分散の相対的な度合い**を示すものですが、直感的には各主成分の**重要性**と考えてください。ここで、各主成分の固有値を合計すると4になります。相関行列（**図表17-4**）を分析対象にして主成分分析を行っているためで、主成分数＝固有値の合計になります（注）。従って、固有値が1を上回る主成分（第1主成分）は平均より重要な主成分になります。

　固有値のお隣の**寄与率**はある主成分によって全体の分散の何％が説明されるかを示します。第1主成分で約61％、第3主成分まで含めると約95％が説明されます。主成分分析の目的のひとつはデータの特徴をより少ない変量にまとめようというものです。ここでは、固有値が1以上なのは第1主成分で、また第3主成分まで含めれば95％まで説明できますので、2または3主成分で十分な分析ができることになります。寄与率の合計は100％になっています。すなわち、主成分分析は攪乱項はないと想定します。この点は、後で説明する因子分析との大きな相違点です。

　次の表の**固有ベクトル**は各主成分における各変量の**ウェイト**を示します。例えば第1主成分におけるBH銘柄のウェイトは約0.52、BL銘柄が約0.44、SH銘柄が約0.55、SL銘柄が約0.49です。これらのウェイトの2乗和が1になっていることを確認してください。また、固有ベクトルの符号（プラス・マイナス）は銘柄の良し悪しを意味しないことに注意してください。絶対値の大小は主成分に影響する度合いを示しますが、符号は直接良し悪しを示しません。

　最後の**主成分負荷量**は元の変量（ここではBH～SL銘柄のリターン）と主成分との**相関係数**です。BH銘柄の場合、第1主成分との相関は0.82と高く、第3主成分とは-0.21、第4主成分とは-0.29と低くなっています。

　主成分分析は元の変量にウェイトを掛けて合成した変量によって分析をしようというものですから、その合成変量（つまり主成分）には何らかの意味があるはずです。その意味は、固有値、固有ベクトル、主成分負荷量を手がかりに判断します。ここで解釈・推測を誤るとせっかくの正しい数字が台無しになります。ここが、主成分分析の正念場であり醍醐味でもあるわけです。はじめに、

（注）分散共分散行列を分析対象にする場合もあり、このときは主成分数＝固有値の合計とはなりません。

固有ベクトルをグラフにして考えましょう（**図表17－7**）。

　図表17－7のグラフで折れ線は第1～第4主成分の各変量（BH～SL）に対する固有ベクトルを示します。この折れ線の形状から各主成分の意味を考えます。

図表17－7　固有ベクトルのグラフ

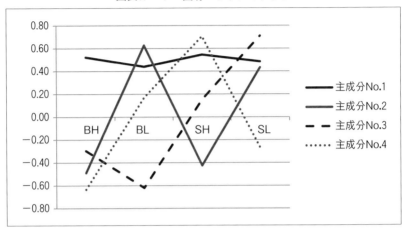

　さて、グラフを見ると、第1主成分は符号が同じで概ねフラットになっています。第1主成分は固有値も最大ですので、複数の銘柄に影響を与えるような株式市場全体の動きを表わす成分と考えられます。第2主成分はBH・SHの符号はマイナス、BL・SLの符号はプラスであることから、簿価／時価比率の大きさ（バリュー株なのかあるいはグロース株なのか）を表わす成分であることが分かります。第3主成分は、BH・BLの符号がマイナス、SH・SLの符号がプラスですので、時価総額の大きさ（大型株なのか小型株なのか）を表わす成分であることがうかがえます。解釈が難しいのが第4主成分で、BHとSH、BLとSLのペアが符号を逆にしてほぼ同程度の絶対値を持っています。性格が不透明で、意味づけしづらいですね。第4成分の固有値（寄与率）を見ますと、0.21（5.33%）と低いことから重要性が乏しい主成分であることが分かりますので、無理矢理な意味づけはしないことにします。もともと主成分分析の大きな目的は変量数の絞り込みにあります。このような例では、通常は主成分数を3に指定してもう一度計算を行います。

コラム　数学の本（6）

藤原正彦『若き数学者のアメリカ』新潮文庫、283頁。

　コラム数学の本の最終回は、第1回と同じ藤原先生の本。1970年代の初めにミシガン大学に研究員として渡り、その後、"Publish or perish."（論文を書け、さもなくば滅びよ）と言われる厳しい競争世界の中での選考を経て、コロラド大学に助教授の職を得て数学を教えたころの手記。真面目一筋に聞こえるが、ミシガン時代には研究に行き詰まって車でフロリダまで出かけるものの、海岸で北欧系ガールフレンドを見つけてすぐに立ち直り、デンバーでは日本のレコードを聞かせて中西部娘を泣かせたり、多方面でご活躍。みずみずしい感性で描かれるアメリカでの青春と学究生活がとても眩しい。

　本書の姉妹編にあたるのが『遥かなるケンブリッジ』（新潮文庫、273頁）。こちらは1980年代後半に文部省の長期在外研究員としてケンブリッジ大学に滞在したときの記録。こんどは家族連れで出かけているので、さすがにナンパはせずに、子供のイジメ問題解決に奔走したりする。これぞ歩くインテリと思わせるケンブリッジの学者達の生態がとても面白い。

④因子分析

因子分析の最終結果は単純化すると次のように示されます。

$$y = b_1 f_1 + b_2 f_2 \cdots + \varepsilon$$

　一見すると重回帰分析の結果とよく似ています。ただし、右辺の最初に定数項（α）がありませんね。これは、データを平均 0 、分散 1 に標準化して用いるため α は 0 と想定されるのです（注）。式の中で、b は因子負荷量、f は因子得点と呼ばれます。重回帰分析で f に相当する部分はデータそのものですが、因子得点はデータから計算によって求める値です。また、ε は独自因子と呼ばれます。因子分析では上の最終結果の前に次のようなアウトプットが得られます。

（注）重回帰分析でも標準化データを用いれば α は 0 になります。

図表17－8　因子分析のアウトプット

因子No.	固有値	寄与率	累積寄与率
1	2.1765	54.41%	54.41%
2	0.5951	14.88%	69.29%
3	0.1933	4.83%	74.12%

因子負荷量

変数名	第1因子	第2因子	第3因子
BH	0.8396	−0.2511	0.1629
BL	0.5431	0.5182	0.3033
SH	0.8757	−0.1737	−0.1343
SL	0.6402	0.4830	−0.2383

因子得点表

	第1因子	第2因子	第3因子
2011/9/ 5	−1.3578	0.8829	−0.4838
2011/9/ 2	−0.2920	−0.1336	−0.4054
2011/9/ 1	1.0689	0.0483	0.1292
2011/8/31	−0.4859	0.2862	1.1847
2011/8/30	0.8521	−1.1989	−0.4603
2011/8/29	1.0293	0.5823	0.5692
2011/8/26	0.2531	−0.0332	−0.3324
2011/8/25	0.5388	−1.7861	−0.1026
2011/8/24	−0.8681	−0.0577	−0.3157
2011/8/23	1.5252	−0.1575	0.3245
2011/8/22	−1.3404	0.5315	0.8831
2011/8/19	−1.4257	0.2895	−0.2548
2011/8/18	−0.6749	0.0440	−0.5731
2011/8/17	−0.2489	−0.7591	0.5146
2011/8/16	−0.1360	−0.4672	−0.5383
2011/8/15	0.4244	0.3770	1.3750
2011/8/12	0.1584	1.0570	−0.6734
2011/8/11	−0.6841	−1.1002	−0.1059
2011/8/10	1.6635	1.5946	−0.7346

　最初の固有値、寄与率、累積寄与率は主成分分析と同じ内容ですが、表の左の欄は第1因子〜第3因子となっています。この因子は変量の変動を影で規定する要因です。因子の意味は主成分の意味と同じように固有値や因子負荷量に基づいて解釈・推測します。因子分析では求める因子数を指定する必要があります。通常、主成分分析を行って必要な因子数を判断します。ここでは、第3因子まで計算するよう指定しました。

　主成分分析では固有ベクトル表がありましたが、因子分析にはありません。固有ベクトルは変量に掛けるウェイトですが、因子分析では変量にウェイトを掛けることはありません。

　因子負荷量は主成分負荷量と似ています。ともに元データとの相関係数を示します。因子分析ではこれが、冒頭の式におけるb_1, b_2…に相当します。

　ここで各因子の意味を考えてみましょう。第1因子は4銘柄との相関が全て強く、株式市場全体の動きを示す因子と考えられます。第2因子はBL・SL銘柄とは正の相関、BH・SH銘柄とは負の相関を持っており、バリュー株・グロース株を示す因子です。第3因子はBH・BL銘柄とは正の相関、SH・SL銘柄とは負の相関を持っており、大型株・小型株を示す因子となっています。それぞれの因子の寄与率は、第1因子が54%と半分以上を占め、第2因子・第3因子は15%と5%です。この結果は、株価変動は市場全体の動きからは54%しか説明できないのに対し、バリュー株・グロース株、大型株・小型株という2つの因子（ファクター）を導入することにより、説明力が74%に向上することを示しています。

　あれっ、どこかで聞いたような話だなって、思いませんか。そう、市場全体、バリュー株・グロース株、大型株・小型株の3ファクターを用いるのは有名なファーマ・フレンチ（FF）モデルですね。FFモデルの背景には上記のような計算があるわけです。

　最後の因子得点表は全標本について重回帰分析を用いて計算されています。9月5日の各銘柄のリターンを例に、上に示した結果が何を意味するのかを説明しましょう。ちなみにこの日のリターンはそれぞれBH＝−3.16%、BL＝−0.14%、SH＝−6.15%、SL＝0.48%でした。

　そもそも因子分析では、各銘柄の背後に隠れているより本質的な構成要素を抽出することが目的でしたので、抽出した因子が本質的なものであるのならば

それを使って元のデータをある程度復元することができるはずです。例えば9月5日の各銘柄のリターンを因子分析では次のように復元します。

$$y_{9/5BH} = b_{BH1}f_{9/5,1} + b_{BH2}f_{9/5,2} + b_{BH3}f_{9/5,3}$$

$$y_{9/5BL} = b_{BL1}f_{9/5,1} + b_{BL2}f_{9/5,2} + b_{BL3}f_{9/5,3}$$

$$y_{9/5SH} = b_{SH1}f_{9/5,1} + b_{SH2}f_{9/5,2} + b_{SH3}f_{9/5,3}$$

$$y_{9/5SL} = b_{SL1}f_{9/5,1} + b_{SL2}f_{9/5,2} + b_{SL3}f_{9/5,3}$$

$y_{9/5BH}$ は9月5日のBH銘柄のリターンのうち、抽出した3つの因子で説明できる部分を指します。b_{BH1} はBH銘柄の第1因子への因子負荷量で、表から0.8396であることが分かります。$f_{9/5,1}$ は9月5日の第1因子への因子得点で表から－1.3578と読み取れます。念のため8月31日のBH銘柄の結果を示すと次の通りになります。

$$y_{8/31BH} = b_{BH1}f_{8/31,1} + b_{BH2}f_{8/31,2} + b_{BH3}f_{8/31,3}$$

因子得点は日によって異なりますが、因子負荷量は全期間を通して共通です。

　9月5日のデータについて実際に計算してみましょう。

$$y_{9/5BH} = 0.8396 \times (-1.3578) - 0.2511 \times 0.8829 + 0.1629 \times (-0.4838) = -1.440$$

$$y_{9/5BL} = 0.5431 \times (-1.3578) + 0.5182 \times 0.8829 + 0.3033 \times (-0.4838) = -0.427$$

$$y_{9/5SH} = 0.8757 \times (-1.3578) - 0.1737 \times 0.8829 - 0.1343 \times (-0.4838) = -1.270$$

$$y_{9/5SL} = 0.6402 \times (-1.3578) + 0.4830 \times 0.8829 - 0.2383 \times (-0.4838) = -0.327$$

　計算結果を見て、実際のデータと随分値が異なるなと思った方はいませんか。それは、上の推定値は標準化されているからです。例えば9月5日のBH銘柄のリターンを標準化するためには、（－3.16－BH銘柄の平均）÷BH銘柄の標準偏差、を計算すればよいわけです。**図表17－3**を使えば、標準化された値は－1.718と分かります。上記の推定値との差の－0.278が独自因子になります。

　いやはや、お疲れさまでした。証券アナリスト試験で多変量解析の計算問題が出題されることは、まずないと思いますが、計算結果の解釈を問われることはありえます。試験云々はさておいても、多変量解析は投資実務に限らず、い

ろいろな分野で応用されていますので、基本的なメカニズムはしっかり把握してください。

練習問題 17－2　　　　　　　　　　　　2次 ！　　過去問 ！

　資産運用会社で米国債券の運用を担当しているAさんは、証券会社から送られてきた米国債券市場に関する分析レポートを興味深く読んだ。このレポートは、米国財務省証券市場における利回り曲線の形状変化について主成分分析を行っていた。図表1はその結果を示したものである。分析対象は、各年限において最も高い流動性を持つ米国財務省証券価格を基準にして推定された3カ月から30年の年限別スポット・レートの変動幅（月次データの年率換算値）であった。

問1　分析レポートは、図表1に示されている第1主成分から第3主成分について、それぞれの意味づけを行っていた。各主成分はどのように解釈することができるか、そのように解釈できる理由を添えて答えなさい。

問2　10種類の年限別スポット・レートの分散の合計のうち、何％が第1主成分から第3主成分の合計によって説明できますか。ただし、解答に際しては計算過程も示すこと。

問3　分析レポートは、図表1の分析結果をもとに、「米国財務省証券ポートフォリオのパフォーマンスの大部分は、当該ポートフォリオの平均デュレーションによって決定される」と主張していた。この主張の理由を図表1の数値を具体的に使って述べなさい。

問4　顧客であるB年金基金との合意に基づき、Aさんは運用する米国財務省証券ポートフォリオについて、ベンチマークと平均デュレーションを合わせたうえでインデックス・プラス・アルファのリターンをねらうアクティブ運用を行っている。従って、Aさんは、問3に述べられているレポートのコメントは、自分のアクティブ運用には当てはまらないと感じた。Aさんはどのようなアクティブ運用戦略を採っているのだろうか。具体的に述べなさい。

図表1　利回り曲線変動の主成分分析

| | 固有値 | 固有ベクトル | | | | | | | | | |
		3カ月	1年	2年	3年	5年	7年	10年	15年	20年	30年
第1主成分	9.226	0.11	0.29	0.36	0.36	0.37	0.36	0.34	0.32	0.31	0.26
第2主成分	0.477	0.43	0.49	0.34	0.21	0.05	−0.09	−0.18	−0.31	−0.38	−0.36
第3主成分	0.126	0.47	0.51	−0.45	−0.35	−0.22	−0.07	0.02	0.16	0.29	0.19
第4主成分	0.062	0.74	−0.64	0.13	−0.05	0.03	0.01	0.01	0.10	0.10	−0.05
第5主成分	0.020	0.02	−0.01	−0.29	0.57	−0.41	0.10	−0.06	0.42	−0.47	0.16
第6主成分	0.011	0.17	−0.08	−0.13	−0.20	0.01	0.20	0.75	−0.48	−0.26	0.09
第7主成分	0.009	−0.07	0.06	0.55	−0.48	−0.34	0.20	−0.11	0.17	−0.33	0.40
第8主成分	0.006	0.18	−0.08	−0.19	0.00	0.48	0.06	−0.38	−0.37	−0.14	0.63
第9主成分	0.003	−0.08	0.06	−0.30	−0.31	0.47	0.46	−0.09	0.33	−0.37	−0.35
第10主成分	0.002	0.14	−0.08	−0.13	0.09	−0.04	0.63	−0.50	−0.46	0.24	0.18
合　計	9.942										

（平成12年2次試験第1時限第5問）

第18章　信用リスクモデル　2次！

　本章では、信用リスクモデルについて学びます。信用リスクとは、貸したお金に対する利息や元本が返済されないリスクのことを指し、デフォルト・リスク、債務不履行リスクとも呼ばれます。デフォルト確率の計算に慣れることが本章の目的です。オプション理論の応用になりますので、第11章と第16章を復習しておくことをお薦めします。

　信用リスクモデルは、ファイナンス理論の中では比較的最近開発されたもので、今日でも活発な研究が進み、実務的にも銀行の融資ポートフォリオのリスク管理等に広く応用されています。証券アナリスト試験では2007年から2次レベルのテキストとして追加されました。最先端の理論を用いますので、本当に理解するためには大変な努力が必要ですが、本章では通信テキストを読み解くため、また試験に出題された場合に何とか少しでも得点するために最小限必要な知識をなるべく直感的に説明します。

（1）リスク中立デフォルト確率

　まずは二項過程を使って、デフォルトする可能性のある資産の価格とリスク中立デフォルト確率との関係を見てみましょう。

例題：現在、価格が70.37円で、残存期間1年、額面100円の割引債があります。この割引債は1年後30%の確率でデフォルトし、デフォルトしたときの資金回収率は20%と予想されているとします。無リスク利子率が（年率）5%であったとすると、この割引債のリスク中立デフォルト確率はいくらでしょうか。

図表18－1　デフォルト可能性のある割引債

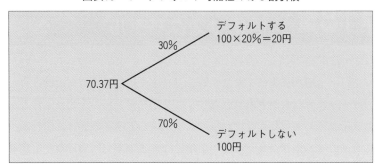

解答：リスク中立確率とは、どんな金融資産でもリスク中立確率を使って将来のペイオフの期待値を取り、それを無リスク利子率で割り引けば現在の価格になる確率でした。デフォルトするリスク中立確率を q、デフォルトしないリスク中立確率を $(1-q)$ とすると、

$$70.37 = \frac{q \times (100 \times 20\%) + (1-q) \times 100}{(1+0.05)}$$

$$q = 0.3264$$

割引債の現在の市場価格から逆算されるリスク中立デフォルト確率は32.64%となります。

（2）確実性等価係数

さて、いま無リスク利子率は5％ですので、信用リスクのない1年物割引債の価格は

$$\frac{100}{(1+0.05)} = 95.24 円$$

になります。信用リスクのある割引債の価格と信用リスクのない割引債の価格の比を**確実性等価係数**と呼びます。確実性等価係数を α^Q とおくと、いまの例では $\alpha^Q = 70.37/95.24 = 0.74$ となります。信用リスクのある債権（券）は、信用リスクのない債権（券）の74％の価格で売買されていることが分かります。

確実性等価係数の一般式は次のとおりです。

$$\alpha^Q = 1 - q \times LGD$$

ここで q はリスク中立デフォルト確率、*LGD*は（loss given defaultの略で）デフォルト時損失率です。デフォルト時損失率は（1－回収率）ですから、いまの例では 1－20%＝80%になります。同じ結果になるかどうか確かめてみましょう。

$$\alpha^Q = 1 - 0.3264 \times 0.8 = 0.74$$

確かに同じ結果が得られましたね。

（3）実デフォルト確率とリスクプレミアム

第11章(6)で説明しましたように、実際の確率を使って資産の理論価格を求めるときには、将来の期待キャッシュフローを、リスクプレミアムを加えた割引率で割り引かなければなりません。実際の確率を用いた1年後の割引債の期待キャッシュフローは、

$$0.3 \times 20 + 0.7 \times 100 = 76円$$

になります。これを、8％の割引率で割引くと現在の割引債価格はちょうど70.37円になります。すなわち、信用リスクを嫌う一般投資家は、5％の無リスク金利に3％の信用リスクプレミアムを上乗せして割引債の価格を決めているわけです。

（4）オプション理論を用いたリスク中立デフォルト確率の推定

いま、単一の割引社債によって負債の調達をしている企業があるとします。この企業は何らかの理由で1年後に清算することが決定したとしよう。この企業の1年後の株式価値と負債価値を考えてみましょう。

①　コール・オプションとしての株式

清算の際に、企業の資産に対して最初に請求権を持つのは債権者です。債権者に対する負債を返済した後もなお資産が残っていた場合、はじめて株主に分配されます。このことを株式は残余請求権をもつ証券であるといいます。一方で、株主は企業の負債に対しては有限責任です。つまり、企業の資産で負債を全額返済できなかった（デフォルトした）としても、株主が不足分を穴埋めする義務はありません。言い換えれば、株式価値は最低限0円になるだけで、マ

イナスになることはありません。

　負債が1年の割引社債である企業の、1年後の株式価値を式で書くと次のとおりです。

$$E_T = \max\,(A_T - D_T,\ 0)$$

ここでE_Tは1年後の株式価値、A_Tは1年後の企業資産価値、D_Tは割引社債の額面です。max $(A,\ B)$ は「AとBの大きいほうになる」という意味です。

　図表18-2に企業の資産価値と株式価値の関係を示しました。この形に見覚えありませんか。そうです、**図表11-1**（105頁）に示したコール・オプションのペイオフと同じ形ですね。株式はコール・オプションの買いポジションと見なすことが出来ます。ただし、この場合の原資産は企業の資産、行使価格は負債の額面になります。

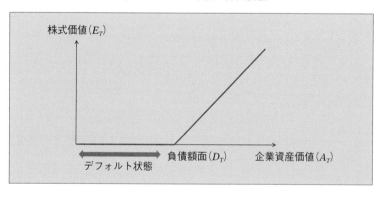

図表18-2　1年後の株式価値

②　プット・オプションとしての負債

　今度は債権者の立場になって考えてみましょう。債権者は株主に優先して企業資産に対する請求権を持ちますが、負債は返済金額が決まっています（今の例では割引社債の額面D_T）ので、その金額を超えて資産を請求することはできません。また、企業の資産では負債を全額返済できなかった場合、債権者はその損失を受け入れなければなりません。1年後の負債価値を式で書くと次のようになります。

$$B_T = \min (A_T,\ D_T)$$

ここでB_Tは１年後の負債価値、$\min(A,B)$ は「AとBの小さいほうになる」という意味です。

　図表18－3が企業の資産価値と負債価値の関係を示した図になります。この形にも見覚えありませんか。そうです、**図表11－2**（106頁）に示したプット・オプションの売りポジションをそのまま上方に移動させた形になっていますね。負債はプット・オプションの売りポジション＋額面D_Tの割引債の買いポジションと見なすことが出来ます。

図表18－3　　１年後の負債価値

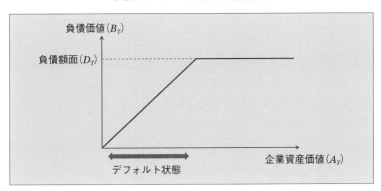

③　ブラック＝ショールズ公式とリスク中立デフォルト確率

　ブラック＝ショールズ公式を使うと、現在の株式価値は

$$E_0 = A_0 N(d_1) - D_T e^{-r_f T} N(d_2)$$

負債価値は

$$B_0 = D_T e^{-r_f T} - \left[D_T e^{-r_f T} N(-d_2) - A_0 N(-d_1) \right]$$

になります。A_0、E_0、B_0 はそれぞれ現時点の企業資産価値、株式価値と負債価値、$D_T e^{-r_f T}$ は割引社債額面の割引現在価値です。負債価値の右辺第１項は割引債の買いポジション、第２項の括弧の中はプット・オプションの価値を表わします。プット・オプションは売りポジションですので、マイナス記号が括弧の

前につきます。

　$N(d_2)$ はコール・オプション（としての株式価値）が1年後イン・ザ・マネーになるリスク中立確率です。企業の資産価値が負債の額面を上回る（$A_T>D_T$）ときにコール・オプション（としての株式価値）はイン・ザ・マネーになるため、$N(d_2)$ は企業がデフォルトしないリスク中立確率であることが分かります。これに対して、$N(-d_2)$ はプット・オプション（としての負債価値）が1年後イン・ザ・マネーになるリスク中立確率です。企業の資産価値が負債の額面を下回る（$A_T<D_T$）ときにプット・オプション（としての負債価値）はイン・ザ・マネーになるので、$N(-d_2)$ がすなわちこの企業のリスク中立デフォルト確率になります。

　d_2 は次の式で計算します。

$$d_1 = \frac{\log(A_0/D_T) + (r_f + \sigma_A{}^2/2)T}{\sigma_A\sqrt{T}}$$

$$d_2 = d_1 - \sigma_A\sqrt{T}$$

σ_A は原資産である企業資産の成長率のボラティリティです。

例題：ある企業の現在の企業資産価値は100億円（$A_0=100$）です。1年後の負債価値が85億円（$D_T=85$）、資産成長率のボラティリティが15%（$\sigma_A=0.15$）であったとき、この企業の1年後のリスク中立デフォルト確率を求めなさい。ただし、1年の無リスク利子率は年率5%とします。

解答：このときd_1、d_2は次のようになります。

$$d_1 = \frac{\log(A_0/D_T) + (r_f + \sigma_A{}^2/2)T}{\sigma_A\sqrt{T}} = \frac{\log(100/85) + (0.05+0.15^2/2)\times 1}{0.15\sqrt{1}} = 1.4918$$

$$d_2 = d_1 - 0.15\sqrt{1} = 1.3418$$

標準正規分布表を使って $N(-d_2)$ を求めると

$$N(-d_2) = 0.0898$$

従って、1年後のこの企業のリスク中立デフォルト確率は8.98%になります。

④　**デフォルト距離**

　さて、$N(d_2)$ が企業のリスク中立非デフォルト確率、$N(-d_2)$ がリスク中立デフォルト確率を表わすことから、d_2 がリスク中立デフォルト確率を決める重要な数字であることが分かります。この d_2 のことを**デフォルト距離**と呼びます。

なぜ「距離」なのかといいますと、d_2 の数式を見てみましょう。

$$d_2 = d_1 - \sigma_A\sqrt{T}$$

$$= \frac{\log A_0 - \log D_T + (r_f - \sigma_A^2/2)T}{\sigma_A\sqrt{T}}$$

分子を見ますと、$\log A_0$ から $\log D_T$ を引いています。これは現在の企業資産価値 A_0 と負債額面 D_T の（対数値の）距離を測っていると解釈することができます（注）。この距離が大きければ（すなわち現在の企業資産が負債額面を大きく上回るとき）d_2 は大きな値になりますので、デフォルトしないリスク中立確率は高く、デフォルトするリスク中立確率は低くなります。直感的に考えても、現在、負債を大きく上回る資産を持つ企業が1年後デフォルトする可能性は低いはずです。逆に $\log A_0$ から $\log D_T$ を引いた距離が小さいときには（すなわち現在の企業資産 A_0 と負債額面 D_T が近いとき）d_2 は小さい値になりますので、デフォルトしないリスク中立確率は低く、デフォルトするリスク中立確率は高くなります。現在、負債の大きさと同程度の資産しか持たない企業が1年後デフォルトする可能性はおそらく高いはずです。従って、d_2 とは企業がデフォルトするまでの余裕度を示していると言えます。

それでは頭の中を整理するために練習問題に挑戦してみてください。

練習問題　18－1　　　　　　　　　　　　　2次！　　過去問！

問1　A社は、残存期間1年、額面100円の割引債を発行している。A社がデフォルトしたときの回収率は30％であるとR格付機関は見積もっている。い

（注）リスク中立世界では、満期における企業資産価値の期待値は

$$E_0^Q(\log A_T) = \log A_0 + \left(r_f - \frac{\sigma_A^2}{2}\right)T$$

になります。すると、d_2 は

$$d_2 = \frac{E_0^Q(\log A_T) - \log D_T}{\sigma_A\sqrt{T}}$$

と書き換えることができ、これは満期における企業資産価値の期待値 A_T と負債額面 D_T の（対数値の）距離を、資産成長率のボラティリティで割った値であることが分かります。この距離が大きければ（すなわち満期における企業資産価値の期待値が負債額面を大きく上回るとき）デフォルトしないリスク中立確率は高く、デフォルトするリスク中立確率は低くなります。逆にこの距離が小さいとき（すなわち満期における企業資産価値の期待値が負債額面 D_T と同程度のとき）には d_2 は小さい値になりますので、デフォルトしないリスク中立確率は低く、デフォルトするリスク中立確率は高くなります。このように書き換えると、より直感的な解釈をすることができるわけです。

数式の導出に関しては証券アナリスト第2次レベル通信教育講座テキスト第10回『信用リスクモデル』を参照してください。

ま社債流通市場においてこの債権の市場価格が95円、国債流通市場におい
て1年物割引国債の価格が98円で売買されている。このA社の1年物割引
社債のリスク中立デフォルト確率はいくらになりますか。パーセント表示
で四捨五入し小数第2位まで求めること。

問2　株式はオプションと見なすことができる。単一の割引債によって負債の
　　　調達をしている企業を想定し、なぜ株式をオプションと考えることができ
　　　るのかを説明しなさい。このとき、オプションの種類、原資産、行使価格、
　　　満期について述べること。

　次の**問3**および**問4**に答えるにあたって、以下のブラック＝ショールズ式と
図を参考にできる。ただし、S_0＝原資産の現在時点（$t=0$）の価格、K＝行使
価格、σ＝原資産成長率の標準偏差（ボラティリティ）、r_F＝無リスク利子率（年
率）、T＝満期までの期間（年）、である。

$$C_0 = S_0 N(d_1) - Ke^{-r_F T} N(d_2)$$
$$P_0 = -S_0 N(-d_1) + Ke^{-r_F T} N(-d_2)$$

ただし

$$d_1 \equiv \frac{\log_e\left(\dfrac{S_0}{K}\right) + \left(r_F + \dfrac{\sigma^2}{2}\right)T}{\sigma\sqrt{T}}, \quad d_2 \equiv d_1 - \sigma\sqrt{T} = \frac{\log_e\left(\dfrac{S_0}{K}\right) + \left(r_F - \dfrac{\sigma^2}{2}\right)T}{\sigma\sqrt{T}}$$

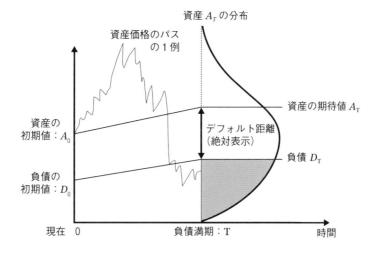

問3　株式をオプションとして見なすことができるとしたならば、オプション公式、例えばブラック＝ショールズ式を用いて、「デフォルト距離（DD：Default Distance）」（相対表示）を計算することができる。デフォルト距離とは何を意味するのか。その計算公式と意味を議論しなさい。

問4　同様にして、この企業が1年後にデフォルトする確率を推定することができる。リスク中立的なデフォルト（債務超過）の確率の公式を示し、その意味を説明しなさい。1年後デフォルト確率をPD(1)とし、上記ブラック＝ショールズ式内の記号を用いて示すこと。

（平成21年2次試験1時限第7問）

（5）格付推移行列を用いた実デフォルト確率の推定

さて、今度は格付推移行列を使って、債権（券）の実デフォルト確率を推定してみましょう。格付推移行列とは、現在の格付けが一定期間後にどのような格付けに変化するのか、その推移確率をまとめた表です。その構造を具体例で見てみましょう。

ある格付機関が作成した1年間の格付推移行列は**図表18－4**に示すとおりです。

図表18－4　1年間の格付推移行列

	A	B	D	合計
A	0.6	0.3	0.1	1.0
B	0.1	0.7	0.2	1.0
D	0.0	0.0	1.0	1.0

A格は信用リスクの低い債権、B格は信用リスクの高い債権、D格はデフォルトした債権を指します。表左端は現在の格付を、表上方は1年後の推移先を示しています。二つの交点にある数字が推移確率です。例えば、1行目の数字（[0.6、0.3、0.1]）を見ると、現在A格の債権のうち60%の債権は1年後もA格に留まり、30%はB格に格下げになり、10%がデフォルトすることが分かります。

例題：ある銀行が保有している債権ポートフォリオは、A格が80%、B格が20%であった。この債権ポートフォリオの1年後の格付比率を求めなさい。

解答：現在ポートフォリオの80%を占めているＡ格債権のうち、60%は１年後もＡ格に留まり、30%はＢ格に格下げになり、10%がデフォルトしますので、現在Ａ格で１年後もＡ格に留まる債権の割合は0.8×0.6＝0.48（48%）、現在Ａ格で１年後Ｂ格に格下げされる債権の割合は0.8×0.3＝0.24（24%）、現在Ａ格で１年後デフォルトしている債権の割合は0.8×0.1＝0.08（８%）になります。同様に、現在ポートフォリオの20%を占めているＢ格債権のうち、70%は１年後もＢ格に留まり、10%はＡ格に格上げになり、20%がデフォルトしますので、現在Ｂ格で１年後もＢ格の債権の割合は0.2×0.7＝0.14（14%）、現在Ｂ格で１年後Ａ格の債権の割合は0.2×0.1＝0.02（２%）、現在Ｂ格で１年後デフォルトしている債権の割合は0.2×0.2＝0.04（４%）になります。

	A	B	D
	0.8×0.6	0.8×0.3	0.8×0.1
	0.2×0.1	0.2×0.7	0.2×0.2
合計	0.5	0.38	0.12

それぞれの格付について合計すると、この債権ポートフォリオの１年後の格付比率はＡ格が50%、Ｂ格が38%、Ｄ格が12%になります。

　さて、この格付推移行列に示した推移確率は将来も変わらないと仮定します。２年後の格付推移確率を求めてみましょう。

　現在Ａ格の債権が今後２年間でどのように推移するのかを示したのが**図表18－5**です。現在Ａ格の債権のうち60%の債権は１年後もＡ格に留まることができます。１年後Ａ格に留まった債権のうちのさらに60%の債権は２年後もＡ格に留まることができ、30%はＢ格に格下げになり、10%がデフォルトします。

図表18－5　Ａ格債権の今後２年間の推移

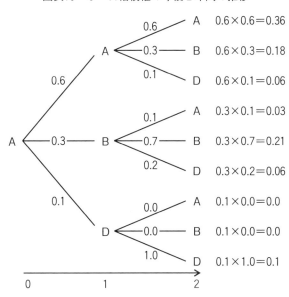

　同様に、現在Ａ格の債権のうち30％の債権は１年後Ｂ格に格下げになります。
１年後Ｂ格に格下げになった債権のうち、２年後もＢ格に留まることができる
のは70％、10％はＡ格に格上げになり、20％がデフォルトします。最後に、現
在Ａ格の債権のうち10％の債権は１年後にはデフォルトしていて、デフォルト
した債権は２年後もデフォルト状態のままです。以上を合計すると

　　　Ａ→（２年後）Ａ：$0.36 + 0.03 + 0.0 = 0.39$

　　　Ａ→（２年後）Ｂ：$0.18 + 0.21 + 0.0 = 0.39$

　　　Ａ→（２年後）Ｄ：$0.06 + 0.06 + 0.1 = 0.22$

になります。現在Ｂ格の債権、Ｄ格の債権についても同じように集計すると**図
表18－6**に示した結果になります。

図表18－6　２年間の格付推移行列

	A	B	D
A	0.39	0.39	0.22
B	0.13	0.52	0.35
D	0.00	0.00	1.00

現在Ｂ格の債権のうち、２年後もＢ格に留まることができるのは52%で、13%の債権はＡ格に格上げになり、デフォルトしてしまう債権は35%にもなることが分かります。

　ただし、ここでは格付推移行列は時間とともに変化しないと仮定しましたが、実際には格付推移行列の変化を予測するモデルを作り、分析する必要があります。

練習問題　18－2　　　　　　　　　　　　**2次 !**　　**過去問 !**

問１　信用リスクに直面している企業を考えたとき、その企業の株主はコールオプションを保有している（ロングポジションを取っている）と見なせる。このとき、この企業が発行した割引債を購入した債券投資家も、何らかの形でオプションに関わっていると考えることができる。

⑴　この企業の割引債を購入した投資家のポジションは、額面満期日が同じデフォルトのない割引債の買いポジションと、ある種のオプションの組合せと同様と考えられる。このオプションの①原資産と、②行使価格は何ですか。また③プットかコールか、④売りか買いかを示しなさい。

⑵　この割引債の満期日のペイオフを示す曲（直）線を、下の図に書き込みなさい。

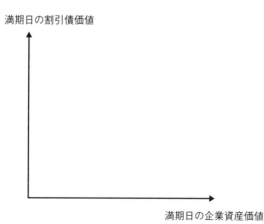

⑶　この満期ペイオフが、割引債の額面と満期日の企業資産価値と、*Max*、*Min*記号のいずれか、あるいはその両方を用いた式として表現できることを示しなさい。なお、*Max*[*x, y*] は *x* と *y* のどちらか大きい方を取り、*Min*[*x, y*] は *x* と *y* のどちらか小さい方を取る演算を行うことを意味する。

問2　ある銀行の融資ポートフォリオの格付は、A格（正常債権）、B格（破たん懸念先）、D格（破たん先）の3つであった。1年間の格付推移確率が**図表1**のように推定されていた。

図表1　　1年間の格付推移確率

	A	B	D	合計
A	0.7	0.2	0.1	1.0
B	0.1	0.6	0.3	1.0
D	0.0	0.0	1.0	1.0

⑴　**図表1**の①1行1列の要素0.7、②2行1列の要素0.1はそれぞれ何を意味するか説明しなさい。また、③3行1列と3行2列の要素が0.0で、3行3列の要素が1.0であるのは何を意味するか説明しなさい。

⑵　2年間の格付推移確率を示す表が、**図表1**から**図表2**のように計算された。

図表2　　2年間の格付推移確率

	A	B	D	合計
A	0.51	0.26	0.23	1.00
B	0.13	0.38	0.49	1.00
D	0.00	0.00	1.00	1.00

　当初B格であった債権が2年後もB格である経路は2種類ある。それぞれの経路を説明し、その確率を示しなさい。ただし、格付推移確率は一定で、格付推移は時間を通じて独立である。

（平成23年2次試験2時限第8問）

付録　1次レベル過去問名作集

　ここでは証券アナリスト第1次試験によく出題される計算問題の名品を収録しました。本書全体の復習に、また受験前の肩ならしにご活用ください。

第1問　株式分析

Ⅰ　次の図表1はX社とY社に関する情報を示したものである。両社とも負債はなく、外部資金調達の予定もない。期待ROE（自己資本当期純利益率）は一定、リスクフリー・レートは2%である。株主の要求収益率は、資本資産評価モデル（CAPM）に従って算出される。また、株価は配当割引モデルに従うとする。X社は配当性向90%を維持するとしている。Y社は、投資機会等を考慮した上で、配当性向40%以上を目指すとしている。現時点は当期の期首で配当（年1回）支払い直後である。

図表1　X社・Y社の情報

	X社	Y社
自己資本（簿価）	1,000億円	1,000億円
期待ROE	問1	10%
株式ベータ	0.8	問2
要求収益率	6.0%	8.0%
配当性向	90%	40%以上
発行済み株式数	1億株	1億株

問1　X社の株価が1,000円のとき、同社の期待ROEはいくらですか。

A　6.0%　　　　B　7.0%　　　　C　8.0%

D　9.0%　　　　E　10.0%

問2　Y社の株式ベータはいくらですか。

A　0.6　　　　B　0.8　　　　C　1.0

D　1.2　　　　E　1.4

問3 Ｙ社の理論株価について、正しいものはどれですか。

A 株価は1,000円より低い。

B 株価は1,000円である。

C 株価は1,000円より高い。

D 配当性向に依存するため何ともいえない。

問4 Ｙ社の配当性向が永続的に60％であるとき、同社の現在の株価（理論株価）はいくらですか。

A 600円　　　B 1,000円　　　C 1,250円

D 1,500円　　　E 3,000円

問5 Ｙ社の配当性向が今後2年間は50％，その後永続的に100％であるとき、同社の現在の株価はいくらですか。

A 1,030円　　　B 1,180円　　　C 1,200円

D 1,250円　　　E 1,270円

（平成22年1次秋試験第3問問Ⅰ）

Ⅱ　図表1のＺ社に関するデータに基づいて、以下の問1から問6の各問に答えなさい。

図表1　Ｚ社に関するデータ

前期末データ	
負債総額	1,200億円
自己資本	800億円
今期予想データ	
純利益	120億円
配当額	48億円
その他のデータ	
発行済み株式数	8億株
現在の株価	300円

問1　Z社の今期予想ベースの益回りは何パーセントになりますか。

A　2%　　　　B　3%　　　　C　5%

D　8%　　　　E　10%

問2　Z社のサステイナブル成長率は何パーセントになりますか。

A　5%　　　　B　6%　　　　C　7%

D　8%　　　　E　9%

問3　定率成長モデルと整合的なZ社の要求収益率は何パーセントになりますか。

A　7%　　　　B　9%　　　　C　11%

D　13%　　　E　15%

問4　Z社では、1株当たり配当額の引下げを検討しています。例えば、配当総額を半分に減らした場合、Z社のPERの水準はどのように変化すると予想されますか。ただし、配当の減額分は、企業に内部留保したうえで、ROEで再投資できるものとする。

A　上昇する。

B　下落する。

C　変わらない。

D　一概には言えない。

アナリストのWさんは，Z社のサステイナブル成長率と要求収益率をそれぞれ8％と12％と推計している。前頁の表の数値も用いて以下の問に答えなさい。

問5　Z社の残余利益はいくらになりますか。

A　12億円　　　B　24億円　　　C　40億円

D　48億円　　　E　56億円

問6　残余利益モデルと整合的なZ社の理論株価はいくらになりますか。

A　125円　　　B　175円　　　C　225円

D　250円　　E　300円

（平成21年1次秋試験第3問Ⅱ）

第2問　債券分析

Ⅰ

問1　額面100円、年1回利払いの債券の現在の最終利回りは1.00％であり、債券価格等は図表1のように計算されている。これを前提にすると最終利回りがいま直ちに、0.90％に低下したときの債券価格の変化幅はいくらですか。

図表1　債券価格等

債券価格	最終利回り	修正デュレーション
100.97円	1.00％	4.84

A　−0.283円　　　　B　−0.126円　　　　C　0.242円

D　0.489円　　　　E　1.419円

問2　問1の条件に加え、この債券のコンベクシティが図表2のように示されている。これを前提にすると最終利回りが現在の1.00％から、いま直ちに0.90％に低下したときの債券価格の変化幅は、コンベクシティの効果により前問といくら相違しますか。

図表2　債券価格等

債券価格	最終利回り	修正デュレーション	コンベクシティ
100.97円	1.00％	4.84	28.50

A　−0.0022円　　　B　0.0014円　　　C　0.0047円

D　0.0098円　　　　E　0.0285円

（平成22年1次春試験第4問Ⅰ問6、問7）

Ⅱ　金利はすべて1年複利で計算し、利付債のクーポンは年1回払いとし、現在、国債市場から推計された金利は**図表1**のようである。

図表1　国債市場から推計された金利

期間 t	t年のスポットレート	t-1年後スタートの1年物フォワードレート	1年後スタートのt年物フォワードレート	残存t年の割引国債の価格*	パーイールドの利付債の利回り
1年	3.00%	―	4.00%	97.09円	3.00%
2年	3.50%	4.00%	問2	93.35円	3.49%
3年	4.00%	5.01%	4.20%	88.90円	問4
4年	3.90%	3.60%	4.00%	問3	3.89%
5年	問1	3.40%	―	―	3.80%

＊額面はいずれも100円。

問1　5年のスポットレートはいくらですか。

A　3.70%　　　B　3.80%　　　C　3.90%

D　4.00%　　　E　4.10%

問2　今から1年後スタートの2年物フォワードレートはいくらですか。

A　4.10%　　　B　4.20%　　　C　4.30%

D　4.40%　　　E　4.50%

問3　現在、残存4年，額面100円の割引国債の価格はいくらですか。

A　82.62円　　　B　84.83円　　　C　85.48円

D　85.81円　　　E　86.81円

問4　3年物のパーイールド利付債の利回りはいくらですか。

A　3.90%　　　B　3.95%　　　C　3.97%

D　3.99%　　　E　4.00%

問5　1年後のスポットレート・カーブが現在とまったく同じであったとした

とき、いま残存3年の割引国債（利回り4.0％）に投資した場合の1年間の保有期間利回りはいくらですか。

A　3.00％　　　B　3.50％　　　C　4.00％

D　4.20％　　　E　5.01％

問6　いま残存3年の割引国債（利回り4.0％）に投資するとして、この割引国債の1年後の利回りが4.0％で変わらなかったとした場合、1年間の保有期間利回りはいくらですか。

A　3.00％　　　B　3.50％　　　C　4.00％

D　4.20％　　　E　5.01％

問7　1年後のスポットレート・カーブが現存のスポットレート・カーブから予想されるとおりに（図表1の1年後スタートのt年物フォワードレートのように）なったとしたとき、いま残存4年の割引国債（利回り3.9％）に投資した場合の1年間の保有期間利回りはいくらですか。

A　3.00％　　　B　3.50％　　　C　3.90％

D　4.20％　　　E　5.01％

（平成22年1次秋試験第4問Ⅲ）

第3問　デリバティブ

Ⅰ

問1　株価が2項分布モデルに従い、現在の株価が100円、株価の1期間当たり上昇率が10％、下落率がマイナス10％とする。行使価格が95円、満期が2期間のコールオプションにおいて、株価が1期間上昇し、次の1期間下落したときの満期のオプション価格はいくらですか。

A　1円　　　B　2円　　　C　4円

D　6円　　　E　7円

問2　現在の株価が100円、株価の年当たり上昇率が10％、下落率がマイナス10％、リスクフリー・レートが5％とする。このとき、株価のリスク中立

上昇確率はいくらですか。

A　0.10　　　B　0.25　　　C　0.50

D　0.60　　　E　0.75

問3　行使価格が100円、満期までの期間が1年のヨーロピアン・コールとプットオプション価格がともに10円であったとき、ストラドルの買いポジションを組んだ。1年後に原資産価格が110円になった。リスクフリー・レートをゼロとしたとき、オプション満期における正味損益はいくらですか。

A　−10円　　　B　−5円　　　C　0円

D　5円　　　E　15円

（平成22年1次春試験第5問Ⅰ，問2〜4）

Ⅱ　2009年11月5日における日経平均株価、同指数先物、同指数オプションのマーケット・データが**図表1**のように与えられているものとして、以下の問に答えなさい。ただし、解答にあたっては次を前提とすること。

① 　問1、問2、問6，問8、問9の損益計算では、途中の金利収入（または金利支払い）を無視するものとする。

② 　今日のリスクフリー・レートは0.17％（年率）とする。

③ 　問3、問5，問9、問10、問11の金利計算は1年＝360日ベースとすること。

④ 　問6を除いて、売買手数料などの取引コストは無視するものとする。

⑤ 　先物、オプションともに、1取引単位は現物指数の1,000倍である。

⑥ 　日経平均株価バスケットの配当利回り（年率換算）は、2009年12月限月の同先物・オプションでは0％、2010年3月限月の同先物・オプションでは0.59％とする。

図表1　日経平均株価、同指数先物、同指数オプションのマーケット・データ

商品番号	種　　　類	限　　　月	価格（円）	残存日数
1	現物指数	—	9,717	
2	先物	2010年3月	9,750	126
3	コールオプション（行使価格8,250）	2009年12月	1,370	35
4	プットオプション（行使価格8,250）	2009年12月	40	35
5	プットオプション（行使価格8,250）	2010年3月	270	126

問1　商品番号2の先物を50単位買い建てたところ、同先物価格が1ヵ月後に9,340円になったとする。この先物ポジションが投資家にもたらす1ヵ月間の損益はいくらですか。

A　1,885万円の利益

B　1,885万円の損失

C　2,050万円の利益

D　2,050万円の損失

E　損益なし

問2　商品番号2の先物を50単位買い建てるにあたって、先物1単位当たり60万円、総額で3,000万円の証拠金を差し出したとする。最低維持証拠金が先物1単位当たり50万円と決められていると、証拠金残高が2,500万円を下回ったときに追加証拠金拠出を求められる。それは次のどのケースに該当しますか。

A　商品番号2の価格が9,650円を上回ったとき。

B　商品番号2の価格が9,650円を下回ったとき。

C　商品番号2の価格が9,850円を上回ったとき。

D　商品番号2の価格が9,850円を下回ったとき。

問3　商品番号2の先物価格が意味するリスクフリー・レートは年率でいくらですか。

A　−1.28%　　　　B　−0.64%　　　　C　0.09%

　　D　1.56%　　　　E　2.43%

問4　問3の結果を利用して裁定取引で利益を上げるには、次のどのポジションを取ればよいですか。

　　A　借入れ、現物買い、先物買い

　　B　貸付け、現物買い、先物売り

　　C　貸付け、現物売り、先物買い

　　D　借入れ、現物買い、先物売り

問5　商品番号2の先物の理論価格はいくらですか。

　　A　9,703円　　　　B　9,741円　　　　C　9,821円

　　D　9,890円　　　　E　9,985円

問6　現物買い・先物売りの取引コストは123.49円（指数の1.27%）、現物売り・先物買いの取引コストは148.19円（指数の1.53%）とする。商品番号2の先物について、裁定取引で利益が出ない先物価格の上限と下限はそれぞれいくらですか。問5で求めた理論価格を用いて計算すること。

　　A　下限9,555円，上限 9,826円

　　B　下限9,580円，上限 9,851円

　　C　下限9,673円，上限 9,944円

　　D　下限9,767円，上限10,038円

　　E　下限9,837円，上限10,108円

問7　商品番号3のコールオプションについて裁定取引が可能であるという。次のどのポジションを取ればよいですか。

　　A　現物を空売りして調達した資金でコールを買い、残金を金利運用する。

　　B　借入れとコールの売りで調達した資金で現物を買う。

　　C　資金を借入れて現物とコールを買う。

　　D　現物の空売りとコールの売りで調達した資金を金利運用する。

問8　商品番号4のプットオプションを買い建てた投資家がこのオプション取

引によって利益を出すのは、満期日の最終清算指数（SQ）が次のどの範囲にあるときですか。

A　8,210円未満

B　8,210円超過

C　8,250円未満

D　8,250円超過

E　8,290円超過

問9　日経平均株価バスケットとまったく同一の株式ポートフォリオを120億円保有する投資家が、商品番号5のオプションを500単位買い建てたところ、満期日の最終清算指数（SQ）が11,000円になったとする。株式の配当を含めたこの投資家の期間損益の合計はいくらですか。

A　19億6,444万円の損失

B　13億6,418万円の損失

C　10億3,594万円の利益

D　12億8,617万円の利益

E　14億7,422万円の利益

問10　商品番号1と4の価格を前提にすると、商品番号3のコールオプションの理論価格はいくらですか。

A　396円　　　　B　575円　　　　C　961円

D　1,508円　　　E　1,738円

問11　**図表1**に示された商品番号1、3、4の市場価格を利用して裁定取引を行うには、次のどのポジションを取ればよいですか。

A　コールとプットを売って、現物を買い、不足資金を借り入れる。

B　現物とプットを売って、コールを買い、差額を金利運用する。

C　現物とコールを売って、プットを買い、差額を金利運用する。

D　コールを売って、現物とプットを買い、不足資金を借り入れる。

　　（平成22年春試験第5問Ⅱ）

第4問　ポートフォリオ・マネジメント

Ⅰ　2社の株式X、Yおよび市場インデックスについて、その主な特徴は下の **図表1**のとおりである。

図表1　株式X、Y、市場インデックスの特徴

	期待リターン	標準偏差	ベータ
株式X	4%	22%	0.4
株式Y	7%	31%	1.2
市場インデックス	6%	20%	1.0

＊株式XとYのリターンの相関係数は0.3である。

問1　5億円の手持ち資金のもとで、株式Xを1億円空売りし、空売りで入手した資金と手持ち資金の合計6億円を株式Yに投資したポートフォリオの期待リターンはいくらですか。

A　6.8%　　　B　7.2%　　　C　7.6%

D　8.0%　　　E　8.4%

問2　株式Xを60%、株式Yを40%組み入れたポートフォリオの標準偏差はいくらですか。

A　20.6%　　　B　21.6%　　　C　22.6%

D　23.6%　　　E　24.6%

問3　株式Xと市場インデックスの相関係数はいくらですか。

A　0.26　　　B　0.36　　　C　0.46

D　0.56　　　E　0.66

問4　株式Yの非市場リスクはトータル・リスクの何%ですか。ただし、リスクは分散で測るものとする。

A　25%　　　B　30%　　　C　35%

D　40%　　　E　45%

問5　株式XとYを組み合わせてベータ＝1のポートフォリオを作成するとき、株式Xの保有割合はいくらですか。

A　20%　　　B　25%　　　C　30%

D　40%　　　E　45%

問6　市場インデックスを70%、リスクフリー資産を30%組み入れたポートフォリオの標準偏差はいくらですか。

A　10%　　　B　11%　　　C　12%

D　13%　　　E　14%

問7　市場インデックスの今後1年間のリターンがマイナスとなる確率はいくらですか。ただし、市場インデックスのリターンは正規分布に従うものとして、標準正規分布表を用いて答えること。

A　0.28　　　B　0.34　　　C　0.38

D　0.42　　　E　0.44

（平成22年春試験第6問Ⅳ）

Ⅱ　今日から1年後の経済状態について、3通りの状態（シナリオ）が考えられている。**図表1**は、3つの証券に関する現在価格と1年後の状態ごとの価値、および3通りの状態に対する状態価格を示している。各状態の確率とは、現在見込んでいる各状態が1年後に生じる確率である。

図表1　現在価格と1年後の状態ごとの価格

証券	現在価格	好況 確率：0.28	現状維持 確率：0.56	不況 確率：0.16
株式X	207.5円	300円	200円	150円
株式Y	問5	200円	100円	50円
国債A	95.0円	100円	100円	100円
状態価格	————	0.25円	0.55円	問4

・市場はノー・フリーランチとする。

・今日から1年後まで、株式X、Yとも配当はない。

・国債Aは、満期1年の割引債である。

・証券は任意の大きさに分割して取引可能である。税金は考えない。

・状態価格とは、将来その状態が起きた時にのみ1円が支払われる証券に市場がつけた現在価格である。

問1　株式Xの期待リターンはいくらですか。

A　5.0%　　　B　6.0%　　　C　7.0%

D　8.0%　　　E　9.0%

問2　株式Xのリターンの標準偏差はいくらですか。

A　22.5%　　B　25.5%　　C　28.5%

D　31.5%　　E　34.5%

問3　1年物のリスクフリー・レートはいくらですか。

A　4.3%　　　B　4.8%　　　C　5.3%

D　5.8%　　　E　6.3%

問4　「不況」の状態価格はいくらですか。

A　0.09円　　　B　0.11円　　　C　0.13円

D　0.15円　　　E　0.17円

問5　株式Yの現在価格はいくらですか。

A　112.5円　　B　115.5円　　C　118.5円

D　121.5円　　E　124.5円

問6　「好況」のリスク中立確率はいくらですか。

A　0.22　　　B　0.24　　　C　0.26

D　0.28　　　E　0.30

問7　株式Xの行使価格＝200円、満期が1年後のコールの現在価格はいくらですか。

A　5円　　　　B　10円　　　　C　15円

D　20円　　　E　25円

（平成23年1次春試験第6問Ⅳ）

さらに勉強するために

　本書では証券アナリスト試験に必要な数学、統計学、証券分析における数理的分野を駆け足で概観しました。取り上げた分野が広いために、特定の分野をより詳しく勉強したい、または補強したいと感じられた方もおられると思います。そうした読者のために分野別おすすめ本をご紹介します。

1．高校数学の復習

　①河添健、林邦彦『楽しもう！数学を』　　　　　　　　　　　　　日本評論社
　②山口清、小西岳共編『チャート式　基礎と演習　数学Ⅱ＋Ｂ』　　数研出版
　　山口清編『チャート式　基礎と演習　数学Ⅲ＋Ｃ』　　　　　　数研出版
　　①は慶応大学湘南キャンパスで用いられている高校数学復習用テキストで面白い例で学べるよう工夫されています。微積分や対数とか特定の分野になじめない場合は、高校の参考書で練習問題を徹底的にやって体で覚えてしまうのが近道になります。②は定評のある参考書です。

2．証券投資理論の概観

　①大村敬一、俊野雅司『証券投資理論入門』　　　　　　　　　　　日経文庫
　②大村敬一、楠美将彦『ファイナンスの基礎』　　　　　金融財政事情研究会
　　証券投資理論については日本証券アナリスト協会の通信テキスト、基本テキストを読みこなすのが目標です。その前に、全体像を概観したいという人のためには上の２冊がおすすめです。簡潔な説明が好きな方には①、丁寧な説明が好きな方には②が向いているでしょう。なお、日本証券アナリスト協会の「証券アナリスト基礎講座」を受講されるのも全体像の把握のためにはおすすめです。

3．統計学

　①鳥居泰彦『はじめての統計学』　　　　　　　　　　　　日本経済新聞社
　②東京大学教養学部統計学教室編『統計学入門』　　　　　東京大学出版会
　③三土修平『初歩からの多変量解析』　　　　　　　　　　　日本評論社
　④小林孝雄、本多俊毅『計量分析と統計学(1)〜(2)』

　　　　　　　　　　　　　　　　　　　　　　　　日本証券アナリスト協会
　　本書の中では証券アナリスト試験に最小限必要な統計学を実践的に説明し

たために、基礎的な概念や重要な理論の証明が手薄になっています。統計学の入門書を通読し、全体像を理解することは大きな財産になるでしょう。易しい語り口の本が好きな方には①、理論的にきっちりした書き方の本が好きな方には②がおすすめ。③は本書第17章で扱った多変量解析を理解するために、統計学や線形代数（ベクトルや行列）の解説から始めているお得な本。④はアナリスト協会の通信テキスト。証券分析のための統計学・計量分析の本としてベスト。このテキストを読みこなすのが目標です。

4．ブラック＝ショールズ・モデル

①石村貞夫、石村園子『金融・証券のためのブラック・ショールズ微分方程式』
東京図書

②蓑谷千凰彦『よくわかるブラック・ショールズモデル』　東洋経済新報社

　ブラック＝ショールズ・モデル（ＢＳ）の解説書は多数ありますが、私のおすすめは上の２冊。①は簡単な微積分の復習からはじめて、ともかくＢＳの偏微分方程式を解けるようにしようという本。②はＢＳに関する統計学上の諸問題も詳しく検討しています。①、②の順に読むのがおすすめですが相当の時間と執念が必要です。

　なお、本書の中で数学史、統計学史にかかわる部分についてはつぎの書物を参照しました。

東京大学教養学部統計学教室編『統計学入門』　　　　　　　東京大学出版会
長岡亮介『数学の歴史』　　　　　　　　　　　　　　放送大学教育振興会
藤原正彦『天才の栄光と挫折』　　　　　　　　　　　　　　　新潮選書
森毅『異説　数学者列伝』　　　　　　　　　　　　　ちくま学芸文庫
森毅『数学の歴史』　　　　　　　　　　　　　　　　講談社学術文庫
A. J. ハーン、市村宗武監訳『解析入門パート１』
シュプリンガー・フェアラーク東京
E. マオール、伊理由美訳『不思議な数eの物語』　　　　　　岩波書店

　数学史の本を読むと、こんな昔の人が考えたんだから俺にも分かるはずだと妙な勇気が湧いてきます。挫折しかかったときにおすすめです。本はもういい、という方にはマンガもあります。

　仲田紀夫原作、佐々木ケン漫画『マンガ　おはなし数学史』
講談社ブルーバックス

あとがき

　大学一年生の夏、大学の講義で『国富論』を読むことがありました。言わず
と知れた「経済学の父」アダム・スミスの名著です。当時の私は、いかに短時
間で効率的に課題をクリアするか、そればかりを考えて古風な和訳を必死に追
ったものでしたが、それでも今なお思い出しては驚愕させられることは、経済
学の本であるにもかかわらず、そこには数式が一つもなかったこと。「富」と
いうモノに関する鋭い洞察がひたすら言葉の羅列で表現されていたこと。そう、
「経済学＝数学」ではないのです。

　私は2008年からアナリスト協会の数量分析入門講座にて講師を務めさせて頂
いております。講座を通じて受講者の方々に最もお伝えしたいことは、「数学
はツールである」ということです。もちろん、証券分析をそのツール無しで習
得するのは非常に困難です。しかし、常に意識して頂きたいのは、数式がゴー
ルなのではなく、私たちが知りたい本当の目的は数式のその向こう側に隠れて
いるということです。幸いなことに証券分析で使うツールの一つ一つ、数式の
一本一本には必ず意味があります。大事なことは、「$\log_a b$」を「aを何乗した
らbになるか」と訳したように、記号で書かれた数式を日本語に「和訳」して、
その意味を理解することです。この本はツールとしての数式の意味を理解し、
使いこなす力をつけるにはとてもいい本です。数学に対する苦手意識、先入観
をきっと取り除くことができると信じております。

　最後に、私の恩師であります青山学院大学大学院国際マネジメント研究科の
小林孝雄教授、そしてこのような機会を与えて下さった共著者の金子誠一氏に
心より御礼を申し上げます。

2012年 3 月

佐井　りさ

練習問題解答

＊過去問解答の中で（コメント）は筆者によるもの。それ以外はアナリスト協会の過去問集の解説です。

第3章　＜数学基礎　1＞　$\sqrt{}$　Σ　関数

練習問題　3－1

（1）　$\sqrt{25} = 5$ 　　　　　　　　$25 = 5 \times 5$

（2）　$\sqrt[3]{8} = 2$ 　　　　　　　　$8 = 2 \times 2 \times 2$

（3）　$5^0 = 1$

（4）　$16^{1/4} = \sqrt[4]{16} = 2$ 　　　　$16 = 2 \times 2 \times 2 \times 2$

（5）　$2^3 \times 2^2 = 2^5 = 32$

（6）　$(2^3)^2 = 2^{3 \times 2} = 2^6 = 64$

（7）　$2^3 \div 2^2 = 2^{3-2} = 2^1 = 2$

（コメント）（3）の$5^0 = 1$について、何で？と思ったかたはおられますか。おられたら有望です。あなたにはすでに数学頭のにおいがします。（5）の$2^3 \times 2^2 = 2^5$は直感的に理解しやすいですよね。掛け算を5回繰り返すのだからこれを$2^3 \times 2^2$と分割しても$2^1 \times 2^4$と分割しても答えは同じです。これは一般的には$a^m a^n = a^{m+n}$というルールになります。これを利用して$m=1, n=0$とすると、$a^1 a^0 = a^{1+0} = a^1$になります。ここから$a^0 = a^1 / a^1 = 1$になるわけです。

練習問題　3－2

（1）　$\displaystyle\sum_{i=1}^{3} i = 1 + 2 + 3 = 6$ 　　　　　　（2）　$\displaystyle\sum_{i=4}^{6} i = 4 + 5 + 6 = 15$

（3）　$\displaystyle\sum_{i=1}^{4} 2i = 2 \times 1 + 2 \times 2 + 2 \times 3 + 2 \times 4 = 2 + 4 + 6 + 8 = 20$

（4）　$\displaystyle\sum_{i=1}^{3} x_i = 5 + 2 + 3 = 10$ 　　　　　（5）　$\displaystyle\sum_{i=1}^{3} x_i y = 5y + 2y + 3y = 10y$

練習問題　3-3

（1）　何らかのルールがあってある x に対して唯一の y が決まる。

（2）　$S = f(R)$　$S = S(R)$ とか $S = g(R)$ 等の表記でも正解です。

（3）　言える。グラフに書けば y が例えば3の x 軸に平行な直線になる。どのような x にも唯一の y（この場合は3）が決まるので関数である。

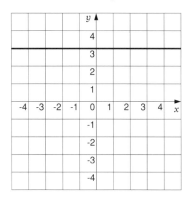

（4）　言えない。グラフに書けば x が例えば3で y 軸に平行な直線になる。x（この場合は3）に対し y は何でもありなので関数ではない。この場合 x が y の関数である。どのような y に対しても唯一の x（この場合は3）が決まるからである。

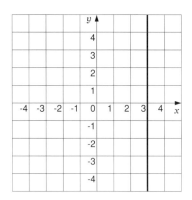

　（コメント）（3）と（4）はすんなりと理解できましたか。難しかったらグラフを見てじっくり考えてみてください。

第4章　＜統計学基礎　1＞　リスクとリターン

練習問題　4－1

（1）　平均　　$(5 + (-3) + 4) \div 3 = 2.0\%$

（2）　分散　　$[(5-2)^2 + (-3-2)^2 + (4-2)^2] \div 3 \cong 12.67$　　または、

　　　　　　　$[5^2 + (-3)^2 + 4^2] \div 3 - 2^2 \cong 12.67$

（3）　標準偏差　　$\sqrt{12.67} \cong 3.56$

第5章　裁定取引

練習問題　5－1

（1）　　$30 + 30 \times 0.01 = 30.3$円

（コメント）この問題ができなかった方は、顔を洗って、コーヒーを飲んでから、第5章を最初から読み直しましょう。

（2）　先物＝現物×円金利÷ユーロ金利＝$150 \times 1.01 \div 1.03 = 147.09$円

（3）　①先物のユーロを1ユーロ@149円で売り建てる。

　　　②1年後に売るためのユーロを買う。運用して1年後に1ユーロになれ
　　　　ばよいので、0.9709ユーロ（$1 \div 1.03$）を買う。

　　　③上のユーロを買うために円を145.6350円（150×0.9709）借りる。

　　　④1年後にユーロを売って149円入手。円の借金の元利合計147.0914円
　　　　（145.635×1.01）を返済し、差し引き1.9086円の裁定利益が得られた。

練習問題　5－2

問1　C

先渡為替レートの理論値(円／米ドル)＝直物為替レート×(1＋円金利)／(1＋米ドル金利)

$= 100.00 \times (1 + 0.01 \times 0.25) / (1 + 0.03 \times 0.25) = 99.50$(円／米ドル)

問2　B

$$\frac{9,400 - 9,426}{9,426} \times \frac{360}{138} + 0.0042 = -0.0030$$

＊0.0042＝配当利回り

問3　B

$$9{,}426 \times \left(1 + \frac{138}{360} \times \frac{0.12 - 0.42}{100}\right) = 9{,}415.16$$

第6章　＜数学基礎　2＞　色々な数列

| 練習問題 | 6－1 |

（1）　初項は100円。公差20円。項数10なので、

末項 $= 100 + (10 - 1) \times 20 = 280$円

合計 $= \dfrac{10}{2} \times (100 + 280) = 1{,}900$円

（2）　初項は100円。公比1.2。項数10なので、

合計 $= 100 \times \dfrac{(1 - 1.2^{10})}{(1 - 1.2)} = 2{,}596$円

第7章　収益率の基礎

| 練習問題 | 7－1 |

（1）　算術平均 $= \left(\dfrac{150}{100} + \dfrac{120}{150} + \dfrac{84}{120} + \dfrac{126}{84}\right) \div 4 - 1$

$= (1.5 + 0.8 + 0.7 + 1.5) \div 4 - 1 = 0.125 = 12.5\%$

幾何平均 $= \sqrt[4]{\dfrac{150}{100} \times \dfrac{120}{150} \times \dfrac{84}{120} \times \dfrac{126}{84}} - 1$

$= \sqrt[4]{\dfrac{126}{100}} - 1 = \sqrt[4]{1.26} - 1 \cong 0.0595 = 5.95\%$

（コメント）$\sqrt[4]{1.26}$ は計算できますか。普通の電卓の場合は $\sqrt{}$ キーを2回連打することによって計算できます。$\sqrt[4]{1.26} = 1.26^{\frac{1}{4}}$ なので、関数電卓の場合は 1.26^0.25と入力する方が速いかもしれません。累乗根の計算方法は習熟しておく必要があります。

（2）　毎年の収益率が等しい場合を除いて、幾何平均＜算術平均となる。両者の差は収益率のばらつきが大きいほど大きくなる。この現象を「リスクは

リターンを蝕む」と呼ぶことがある。

練習問題　7－2

問1　D

$$\sqrt{(1,105+200)/1,000}-1=0.142366\cdots$$

問2　E

$1,049\times(1+r)^2-200\times(1+r)=979$を解いて正となるのは、$r=0.06608\cdots$

問3　C

　期間毎の収益率に変動がある場合には、算術平均は幾何平均よりも大きくなる。また、この株式ファンドはパフォーマンスの悪かった時点2から時点3において運用元本を減らすという好ましい行動をとっている。このため、元本変動の影響を反映する金額加重収益率は、時間加重収益率よりも大きくなる。

　（別解） すべて求めると以下のとおり、

　時点0から時点2までの算術平均収益率は14.65％、幾何平均収益率は14.24％。

　時点1から時点3までの金額加重収益率は6.61％、時間加重収益率は4.99％。

第8章　＜数学基礎　3＞　対数

練習問題　8－1

（1）　①$\log_2 16=4$　　②$\log_3 27=3$　　③$\log_2\dfrac{1}{8}=-3$　　④$\log_3\sqrt{3}=\dfrac{1}{2}$

　（コメント）③や④に戸惑った方は＜数学基礎1＞の「指数と累乗根の計算ルール」（21頁）を見直してください。

（2）　①$2^2=4$　　②$10^2=100$　　③$10^3=1,000$　　④$25^{\frac{1}{2}}=\sqrt{25}=5$

　　　⑤$3^{-2}=\dfrac{1}{3^2}=\dfrac{1}{9}$　　⑥$16^{-\frac{1}{2}}=\dfrac{1}{16^{\frac{1}{2}}}=\dfrac{1}{\sqrt{16}}=\dfrac{1}{4}$

（3）　①$\log_2 8=x$とおくと、$2^x=8=2^3\Rightarrow x=3$

②$\log_3 81 = x$とおくと、$3^x = 81 = 3^4 \Rightarrow x = 4$

③$\log_{10} 10{,}000 = x$とおくと、$10^x = 10{,}000 = 10^4 \Rightarrow x = 4$

④$\log_{27} 3 = x$とおくと、$27^x = 3^{3x} = 3 \Rightarrow x = \dfrac{1}{3}$

（注）$\Rightarrow$ は含意を表わす記号で、$A \Rightarrow B$ は「AならばBである」を意味します。

（4）　①$\log_2 x = 3 \Rightarrow x = 2^3 = 8$

②$\log_4 x = 3 \Rightarrow x = 4^3 = 64$

③$\log_x 16 = 4 \Rightarrow x^4 = 16 = 2^4 \Rightarrow x = 2$

④$\log_x 125 = 3 \Rightarrow x^3 = 125 = 5^3 \Rightarrow x = 5$

練習問題　8－2

（1）　$\log 1 = 0$　　　　　　　　（2）　$\log 2 \cong 0.69314718$

（3）　$\log 2.71828182845906 \cong 0.9999\cdots\cdots$

（注）当然ですが $\log_e \cong 1$ になります。

（4）　$\log 3 \cong 1.098612289$　　　（5）　$\log 10 \cong 2.302585093$

（6）　$\log 100 \cong 4.605170186$　　（7）　$\log 1{,}000 \cong 6.907755279$

練習問題　8－3

（1）　①$e^{0.1} = 1.105$円　　　②$e^{0.2} = 1.221$円　　　③$e^{0.3} = 1.350$円

（2）　①$\log 1.1 = 9.531\%$　　②$\log 1.2 = 18.232\%$　　③$\log 1.3 = 26.236\%$

練習問題　8－4

（1）　$\log 200 = 5.2983$　　　$\log 230 = 5.4381$

$\log 210 = 5.3471$　　　$\log 250 = 5.5215$

（2）　1年目　　$5.4381 - 5.2983 = 13.98\%$

2年目　　$5.3471 - 5.4381 = -9.10\%$

3年目　　$5.5215 - 5.3471 = 17.44\%$

（3）　$(13.98\% - 9.10\% + 17.44\%) \div 3 = 7.44\%$

別解　　$(5.5215 - 5.2983) \div 3 = 7.44\%$

＊期末対数値から期始対数値を引いても同じ結果が得られます。

第9章　様々な複利収益率

練習問題 | **9 － 1**

投資プロジェクトの正味現在価値（NPV）は、

$$-100 + \frac{33}{1.08} + \frac{48}{1.08^2} + \frac{31}{1.08^3} = \underline{-3.7億円}$$

正味現在価値（NPV）がマイナスなので、ジュエル社はこの投資プロジェクトを実施すべきではない。

練習問題 | **9 － 2**

問1　$50 \div 0.1 = 500$円

問2　1年後の配当金は11.0円、2年後の配当金は12.1円、2年後の売却価格は242円（$12.1 \div 0.05$）。これらを、8％で割り引いて現価合計を求める。

$$11 \times \frac{1}{1.08} + 12.1 \times \frac{1}{(1.08)^2} + 242 \times \frac{1}{(1.08)^2} \cong 228 \text{ 円}$$

問3　$\dfrac{20}{0.07 - 0.05} = \dfrac{20}{0.02} = 1{,}000$ 円

現在の株価（800円）は、配当割引モデルによる理論株価（1,000円）より割安なので投資すべきである。

問4　まず、2年後の理論株価を求める。2年後の株価を求めるDDMの分子は3年後の配当金です。

3年後の配当金 $= 30 \times 1.2^2 \times 1.05 = 45.36$円

2年後の株価 $= \dfrac{45.36}{(0.08 - 0.05)} = \dfrac{45.36}{0.03} = 1{,}512$円

この株価をあたかも2年後の売却価格と扱って問2と同様の計算をする。

$$\frac{30 \times 1.2}{1.08} + \frac{30 \times 1.2^2}{(1.08)^2} + \frac{1{,}512}{(1.08)^2} \cong 1{,}367 \text{円}$$

問5　ROE $= 50 \div 1{,}000 = 0.05 = 5\%$

配当性向 $= 20 \div 50 = 0.4$

サステイナブル成長率 $= 5 \times (1 - 0.4) = 3\%$

練習問題 9－3

問1　D

今期末予想純利益＝前期末自己資本×ＲＯＥ＝1,000×0.4×0.09＝36（億円）

そのうち、純投資額に充当する金額は、純投資額の40％に相当する12億円（＝1,000×0.03×0.4）。そのため、残額の24億円が今期配当額となる。

今期末予想自己資本＝前期末自己資本＋今期予想純利益－今期予想配当

＝400＋36－24＝412（億円）

問2　B

今期末予想残余利益＝今期予想純利益－前期末自己資本×株主要求収益率

＝36－400×0.05＝16（億円）

問3　B

理論株価＝前期末１株当り自己資本＋今期１株当り予想残余利益÷（株主要求収益率－サステイナブル成長率）

＝（400÷10）＋（16÷10）÷（0.05－0.03）＝40＋80＝120（円）

問4　B

今期の株主に対するフリー・キャッシュフロー

＝今期純利益－純投資額×（1－負債比率）

＝400×0.09－1,000×0.03×（1－0.6）＝24（億円）

問5　A

フリー・キャッシュフロー割引モデルによる理論株価は下式で算出され，問3で導いた残余利益モデルによる理論株価と一致する。

理論株価＝今期の株式に対する１株当りフリー・キャッシュフロー

÷（株主要求収益率－サステイナブル成長率）

＝（24÷10）÷（0.05－0.03）＝120（円）

問6　A

問1の解答から配当額は24億円。

理論株価＝（24÷10）÷（0.05－0.03）＝120（円）

第10章　債券の利回り

練習問題　10－1

$$4 \times \frac{1}{1.02} + 4 \times \frac{1}{1.03^2} + 104 \times \frac{1}{1.04^3} \cong 100.15$$

練習問題　10－2

D

$$\frac{(1-0.01) \times C}{1+0.04} + \frac{(1-0.02) \times (100+C)}{(1+0.04)^2} = 100.00 \quad より \quad C = 5.06$$

パーであるので、クーポン・レートCは利回りに一致するため、利回り＝C＝5.06

練習問題　10－3

問1　D

$$\left\{ (1+0.058)^4 \times (1+0.0431) \right\}^{\frac{1}{5}} - 1 = 0.0550$$

問2　E

$$\frac{(1+0.0600)^3}{(1+0.0550)^2} - 1 = 0.0701$$

問3　D

$$\frac{100}{(1+0.0580)^4} = 79.81$$

問4　C

$$\frac{C}{1+0.0500} + \frac{C}{(1+0.0550)^2} + \frac{C+100}{(1+0.0600)^3} = 100.00 \quad より \quad C = 5.96$$

問5　B

$$\frac{100}{1.0600^3} \bigg/ \frac{100}{1.0580^4} - 1 = 0.0520$$

3年後スタートの1年フォワードレート5.20％に一致。

問6　D

$$\frac{\dfrac{100}{1.0580^3}}{\dfrac{100}{1.0580^4}} - 1 = 0.0580$$

購入時の最終利回りと売却時の最終利回りが変わらないときの所有期間利回りは購入時の最終利回りに一致する。

問7　A

$$\frac{\dfrac{100}{1.0650^2}}{\dfrac{100}{1.0600^3}} - 1 = 0.0500$$

いわゆる純粋期待仮説の場合に相当するので、1年金利に等しくなる。

第11章　オプション価格

練習問題　11－1

問1　E

時点1の状態1の状態価格とは、「時点1の状態1で1円、状態2で0円となる利得の時点0における現在価値」である。時点1の状態1の状態価格をP_1、状態2の状態価格をP_2とし、与えられた株式の価格と利得および無リスク利子率10％という条件の下で以下の式を満たすP_1を求めれば、6/11となる。

$$P_1 \times 550 + P_2 \times 220 = 380$$
$$P_1 + P_2 = 10/11$$

問2　A

問1の経済において、（時点0における）時点1の状態1の状態価格は6/11、時点1の状態2の状態価格は4/11と求められる。この証券の時点1のペイオフは、状態1において440、状態2において0である。状態価格が与えられた場合、将来の利得の現在価値は、将来の各状態における利得に対応する状態価格をかけて全ての状態について足し合わせたものとなるので、この証券の時点0における価格は、$440 \times \dfrac{6}{11} + 0 \times \dfrac{4}{11} = 240$となる。

問3　D

株式と無リスク資産による金融資産の複製ポートフォリオを構成する問題で

ある。複製ポートフォリオにおける無リスク資産の購入単位をθ_0、株式の購入単位数をθ_1とするなら、将来において金融商品の支払金と同じ利得を生み出すために(θ_0, θ_1)は次の式を満たさなくてはならない。

時点1の状態1において $\theta_0(110) + \theta_1(550) = 0$

時点1の状態2において $\theta_0(110) + \theta_1(220) = 110$

これを解いて、$(\theta_0, \theta_1) = (5/3, -1/3)$を得る。

練習問題 11−2

問1　E

リスク中立確率$(P) = (1 + $ リスクフリー・レート$(r) - $下落率$(d)) \div ($上昇率$(u) - $下落率$(d))$

$= (1 + 0.01 - 87/100) \div (115/100 - 87/100)$

$= (1 + 0.01 - 0.87) \div (1.15 - 0.87) = 0.50$

問2　B

リスク中立的な株価上昇確率は $\dfrac{(1+r) - d}{u - d} = \dfrac{1 + 0.05 - 0.9}{1.1 - 0.9} = \dfrac{0.15}{0.2} = 0.75$

従って、株価の変化は独立であるので、1年間上昇しその後下落するリスク中立確率は、$0.75(1 - 0.75) = 0.1875$

練習問題 11−3

問1　B

プット・コール・パリティ式$(C - P + K / (1 + r) = S)$よりBとなる。

問2　C

プット・コール・パリティ式は、テキストでは、

コール価格−プット価格＋行使価格／$(1 +$金利$) =$原資産価格、

あるいは記号を用いて表わすと、$C - P + K / (1 + r) = S$と説明されている。

これから$S = 20$円$- 10$円$+ 101$円／$(1 + 0.01) = 10$円$+ 100$円$= 110$円。

第12章　＜統計学基礎　2＞　分散と共分散

練習問題 12−1

$$\rho_{x,y} = \frac{Cov(X,Y)}{\sigma(X)\sigma(Y)} \text{ より、 } Cov(X,Y) = \rho_{X,Y}\sigma(X)\sigma(Y) = 0.4 \times 20 \times 16 = 128$$

（コメント）馬鹿にするな、公式に代入するだけじゃないか、という声が聞えてきそうですね。単純な問題ですいません。でも、共分散と相関係数、それから、後で出てくるベータとの関係は結構重要です。

練習問題 12−2

問1　X株 = $40 \times 0.7 + (-20) \times 0.3 = 22.00\%$

　　　　Y株 = $(-5) \times 0.7 + 30 \times 0.3 = 5.50\%$

　　　　ポートフォリオ = $22.0 \times 0.4 + 5.5 \times 0.6 = 12.1\%$

問2

（1）　分散

　　　　X株 = $(40-22)^2 \times 0.7 + (-20-22)^2 \times 0.3 = 226.8 + 529.2 = 756.0$

　　　　Y株 = $(-5-5.5)^2 \times 0.7 + (30-5.5)^2 \times 0.3 = 77.175 + 180.075 = 257.25$

（2）　標準偏差

　　　　X株 = $\sqrt{756.0} \cong 27.495$

　　　　Y株 = $\sqrt{257.25} \cong 16.039$

（3）　共分散

　　　　共分散 = $(40-22) \times (-5-5.5) \times 0.7 + (-20-22) \times (30-5.5) \times 0.3$

　　　　　　　　$= -132.3 - 308.7 = -441$

（3）　相関係数

　　　　相関係数 = $\dfrac{-441}{27.495 \times 16.039} \cong -1.000$

問3　分散 = $0.4^2 \times 756.0 + 0.6^2 \times 257.25 + 2 \times 0.4 \times 0.6 \times (-441)$

　　　　　　$= 120.96 + 92.61 - 211.68 = 1.89$

　　　　標準偏差 = $\sqrt{1.89} = 1.37$

問4　ポートフォリオのリスクは1.37％であり、X株とY株の加重平均リスクである20.62％に比べると大幅に低下している。この理由はX株とY株の

リターンの相関係数が−1.000と完全な負の相関になっているためである。

（コメント）X株40％、Y株60％はポートフォリオのリスクをほぼ最小にする組み合わせです。試しにX株60％、Y株40％と比重を逆転してリスクを計算してみてください。10％強になるはずです。なお、この練習問題のように2シナリオの場合、相関係数は1，0，−1のいずれかになります。

練習問題 12－3

問1　D

株式の期待リターン $= 0.3 \times 20 + 0.3 \times 10 + 0.4 \times (-10) = 5\%$

債券の期待リターン $= 0.3 \times 2 + 0.3 \times 3 + 0.4 \times 4 = 3.1\%$

ポートフォリオの期待リターン

$= 0.6 \times$ 株式の期待リターン $+ 0.4 \times$ 債券の期待リターン

$= 0.6 \times 5 + 0.4 \times 3.1$

$= 4.24\%$

問2　A

株式リターンの分散 $= 0.3 \times (20-5)^2 + 0.3 \times (10-5)^2 + 0.4 \times (-10-5)^2 = 165$

標準偏差 $= \sqrt{165} = 12.8\%$

問3　D

共分散 $= 0.3 \times (20-5)(2-3.1) + 0.3 \times (10-5)(3-3.1) + 0.4 \times (-10-5)(4-3.1)$

$\qquad = -10.5$

第13章　株式ポートフォリオの管理

練習問題 13－1

（1）　$3 + 0.9 \times 5 = 7.5\%$

（コメント）$3 + 0.9 \times (5-3) = 4.8\%$と計算した人はいませんか。リスクプレミアムは無リスク利子率差し引き済みであることに注意してください。

（2）　$10 = 2 + 1.2 \times [E(R_M) - 2]$　　　$E(R_M) \cong 8.7\%$

（3）　$0.6 \times 1.2 + 0.4 \times 0.7 = 1.0$

（4）　$(12-2) \div 25 = 0.4$

（5）　$(15 - 12) \div 10 = 0.3$

練習問題　13－2

　図1の横軸は標準偏差であるのに対し、図2の横軸はベータである。すなわち、両者は全く異なったリスク測度を用いている。図1に見るとおりY株は一定のリスク（標準偏差）を持つ。図2でY株は縦軸上に来るが、これはY株のベータが0、すなわちY株と市場ポートフォリオとの共分散が0ということである。これはY株のベータリスクが0であることを意味するが、Y株の標準偏差が0であることを意味しない。言葉を変えればY株のリターンも変動するが、それは市場ポートフォリオのリターンの変動とは無相関である。「馬鹿なこと」は少なくとも理論的には生じうる。

　（コメント）この問題を見て「なんと馬鹿げた簡単な問題だ」と怒った方は、本当に良く理論を理解している方です。検定会員の方でも、この問題に即座にクリアに回答できる方は少ないと思います。とぼけて身近な検定会員の方に質問してみてください。

第14章　＜数学基礎4＞
微分・デュレーション・コンベクシティと積分

練習問題　14－1

（1）　$f'(x) = 2x + 3$　　　（2）　$f(x) = x^{-3}, f'(x) = -3x^{-3-1} = -\dfrac{3}{x^4}$

（3）　$f(x) = x^{\frac{2}{3}}, f'(x) = \dfrac{2}{3}x^{-\frac{1}{3}} = \dfrac{2}{3\sqrt[3]{x}}$

（4）　$f'(x) = 2e^{2x}$　　　ちなみに、$f''(x) = 4e^{2x}, f'''(x) = 8e^{2x}$ となります。

（5）　$f(x) = \log 3 + \log x, f'(x) = \dfrac{1}{x}$

練習問題 14-2

D

$$u = \mu_p - \frac{0.04}{2}\sigma_p^2 = w \times 7 + (1-w) \times 1 - 0.02 \times w^2 \times 16^2$$
$$= 1 + 6w - 5.12w^2$$
$$\frac{du}{dw} = 6 - 10.24w = 0$$
$$w = 0.59$$

練習問題 14-3

期待リターン増加の係数：0.06

リスク増加の係数：$0.08X + 0.048\rho Y$

第15章　債券ポートフォリオの管理

練習問題 15-1

C

A：修正デュレーションが大きいほど金利リスクが大きい。

B：修正デュレーションと金利変化の積に負の符号を付したもので債券価格の
変化率を近似できる。

C：正しい。

D：修正デュレーションはマコーレー・デュレーションを（1＋最終利回り）
で除したものなので、マコーレー・デュレーションより小さい。

練習問題 15-2

（1）　$-2.8 \times 0.01 = -0.028$　　　　2.8％下落する。

（2）　$-2.8 \times 0.01 + \frac{1}{2} \times 10 \times 0.01^2 = -0.028 + 0.0005 = -0.0275$　2.75％下落する。

（3）　修正デュレーション $= 5 \times \frac{1}{1.04} = 4.81$

　　　$-4.81 \times (-0.01) = 0.0481$　　　4.8％上昇する。

練習問題　**15－3**

問1　B

$6 / 1.04 + 6 / 1.05^2 + 6 / 1.06^3 + 100 / 1.06^3 = 100.21$

問2　D

1年目のCFのPV $= 6 / 1.05 = 5.714$

2年目のCFのPV $= 6 / 1.05^2 = 5.442$

3年目のCFのPV $= 106 / 1.05^3 = 91.567$

債券価格 $= 5.714 + 5.442 + 91.567 = 102.723$

問3　B

1年目のCFのPV $\times t = 5.714 \times 1 = 5.714$

2年目のCFのPV $\times t = 5.442 \times 2 = 10.884$

3年目のCFのPV $\times t = 91.567 \times 3 = 274.701$

PV $\times t$ の合計 $= 5.714 + 10.884 + 274.701 = 291.299$

マコーレー・デュレーション $=$ （PV $\times t$ の合計）／債券価格

$$= 291.299 / 102.723 = 2.836$$

問4　A

修正デュレーション＝マコーレー・デュレーション／（1＋最終利回り）

$$= 2.7 / 1.05 = 2.571$$

問5　D

1年目のCFのPV $= 6 / 1.05 = 5.714$

2年目のCFのPV $= 106 / 1.05^2 = 96.145$

債券価格 $= 101.859$

1年目のPV $\times t \times (t+1) = 5.714 \times 1 \times 2 = 11.428$

2年目のPV $\times t \times (t+1) = 96.145 \times 2 \times 3 = 576.870$

PV $\times t \times (t+1)$ の合計 $= 11.428 + 576.870 = 588.298$

コンベクシティ＝PV $\times t \times (t+1)$ の合計／債券価格／1.05^2

$$= 588.298 / 101.859 / 1.05^2 = 5.239$$

第16章 ＜統計学基礎 3＞
統計学とポートフォリオ・マネジメント

練習問題 16−1

問1 $Z = \dfrac{X - \mu}{\sigma} = \dfrac{0 - 15}{20} = -0.75$

標準正規分布表から $Z = 0.75$ の確率を読むと、0.7734。標準正規分布表は左右対称なのでこれはリターンが 0 ％以上の確率。従って、 0 ％以下の確率は、

$$1 - 0.7734 = 22.66\%$$

問2 95％の信頼確率とは、上下の2.5％を除くこと。標準正規分布表から、累積確率0.9750の Z 値を探すと、1.96。ここから、

$$上側 = \sigma Z + \mu = 1.96 \times 20 + 15 = 54.2$$

下側は Z 値の符号を変えて、

$$下側 = \sigma Z + \mu = 20 \times (-1.96) + 15 = -24.2$$

解答：リターンの信頼係数95％の信頼区間は、−24.2％から54.2％。

練習問題 16−2

2 年後の期待リターン $= 15 \times 2 = 30\%$

同上標準偏差 $= \sqrt{2} \times 20 = 28.28\%$

リターンが 0 になる z 値は、

$$Z = \frac{X - \mu}{\sigma} = \frac{0 - 30}{28.28} = -1.06$$

$Z \leq 1.06$ の確率は0.8554。従って、リターンがマイナスになる確率は、

$$1 - 0.8554 = 14.46\% \, (P[Z \leq -1.06] = 1 - 0.8554)$$

練習問題　16－3

問1　ポートフォリオをP、ベンチマークをMとする。

$$TE^2 = VarP + VarM - 2Cov(P,M)$$
$$= \sigma_P^2 + \sigma_M^2 - 2\rho_{P,M}\sigma_P\sigma_M$$
$$= 18^2 + 16^2 - 2 \times 0.9 \times 18 \times 16 = 61.6$$
$$TE = \sqrt{61.6} = 7.85$$

問2　$2 \div 7.85 = 0.255$

（コメント）情報比は超過リスク1単位当りの超過リターンを意味します。一般に0.5以上あれば立派なアクティブ運用とみなされるようです。もちろん、運用成績がベンチマークを下回れば情報比はマイナスになります。

問3　ポートフォリオの超過リターンの平均は2%、標準偏差は7.85である。超過リターンが－5%、すなわち平均を7%下回る確率を求めれば良い。

$$Z = \frac{X - \mu}{\sigma} = \frac{-5 - 2}{7.85} = -0.89$$

標準正規分布表から、$P[Z \leq -0.89] = 1 - 0.8133 = 0.1867$。

従ってベンチマークを5%以上下回る確率は18.67%。

練習問題　16－4

まず、t分布表で自由度4、$\alpha = 0.025$のセルを見ると2.776。

次に与えられたデータからt値を計算する。

$$t = \frac{3 - 0}{2 / \sqrt{5}} = 3.354$$

有意水準5%のt値を超えていますので、帰無仮説は棄却され、対立仮説が採択されアクティブ・リターンは0とは言えないことになります。

練習問題 **16－5**

　信頼区間90％は上側下側各５％を除外するので$\alpha = .050$の列を見る。５年分のデータなので自由度は４、両者の交点の2.132が求めるt値。

$$\overline{X} - t \cdot \frac{s}{\sqrt{n}} \leq \mu \leq \overline{X} + t \cdot \frac{s}{\sqrt{n}}$$

$$3.0 - 2.132 \times \frac{2.0}{\sqrt{5}} \leq \mu \leq 3.0 + 2.132 \times \frac{2.0}{\sqrt{5}}$$

$$1.09 \leq \mu \leq 4.91$$

　90％信頼係数における信頼区間は、1.09～4.91％である。

　（コメント）５年間の実績を標本と考えると言うのは変な気がするかもしれませんね。将来も含めて長い期間の一部と考えるのだと思います。

練習問題 **16－6**

Ⅰ

問１　　C

収益率の標準偏差 $= \sqrt{x^2\sigma_B^2 + (1-x)^2\sigma_S^2 + 2x(1-x)\rho\sigma_B\sigma_S}$

$$= \sqrt{0.7^2 \times 5^2 + 0.3^2 \times 20^2 + 2 \times 0.7 \times 0.3 \times 0.2 \times 5 \times 20} = 7.53$$

　ただし、xは債券への投資比率、σ_B^2は債券の分散、σ_S^2は株式の分散、ρは債券と株式の相関係数を表わす。

問２　　B

　ここでは短期金融資産はリスクが0の安全資産なので、シャープ・レシオ＝（期待収益率－無リスク利子率）／標準偏差、を最大にするリスク・ポートフォリオと短期金融資産を組み合わせたものが、どのリスク水準においても期待収益率を最大にする。A～Eのシャープ・レシオは順に0.4、0.52、0.48、0.45、0.42なのでBが最大の期待収益率をもたらす。

問３　　E

　１年収益率rが0を下回る確率$P(r<0)$はrを標準化した変数$Z = (r -$期待値$)$／標準偏差、に関する確率$P(Z < (0 -$期待値$)$／標準偏差$) = P(Z < (0 - 4.5)$／4.84$)$と等しい。Zは標準正規分布に従う。

　-4.5／$4.84 = -0.93$と標準正規分布表から、求める確率は約18％。

問4　E

標準正規分布表から上側5%点が $z = 1.645$ と分かる。従って信頼区間は、

$8\% - 1.645 \times$ 標準偏差 $\leq \mu \leq 8\% + 1.645 \times$ 標準偏差

$8\% - 1.645 \times (20/\sqrt{30}) \leq \mu \leq 8\% + 1.645 \times (20/\sqrt{30})$

$1.99 \leq \mu \leq 14.01$

問5　C

年次超過収益率の標本平均を$\overline{X}$、月次超過収益率の標本平均を$\overline{Y}$とする。$\overline{X}$と$\overline{Y}$は確率変数であり、それらの推定誤差（推定の精度の悪さ）は$\overline{X}$と$\overline{Y}$それぞれの標準偏差で測ることができる。標本平均の標準偏差は（母集団の標準偏差／$\sqrt{標本数}$）である。この場合の母集団とは年次超過収益率である。また、月次超過収益率の標準偏差は（年次超過収益率の標準偏差／$\sqrt{12}$）である。従って、$\overline{X}$の標準偏差は20％／$\sqrt{30}$であり、$\overline{Y}$の標準偏差は年の標準偏差を月に換算し、$\sqrt{標本数}$で割るので、$(20/\sqrt{12})/\sqrt{360}$となる。次に$\overline{Y}$を年率換算するために12倍するが、その結果、標準偏差も12倍となる。$\overline{Y}$を年率換算したものの標準偏差は、$12 \times (20/\sqrt{12})/\sqrt{360} = 20/\sqrt{30}$であり$\overline{X}$と$\overline{Y}$を年率換算したものの精度は同じである。

Ⅱ

（1）平均が0、分散が1の正規分布。

（2）標準正規分布表より

$$Pr\{Z \geq 1\} = 0.1587, \quad Pr\{Z \geq 2\} = 0.0228, \quad Pr\{Z \geq 3\} = 0.0013$$

である。よって、偏差値60、70、80の人の順位はそれぞれ1,000人中159番、23番、1番である。

（3）TOPIXの1年間のリターンをR_M、その平均をμ、標準偏差をσとすると、

$$Pr\{R_M > 0\} = Pr\left\{\frac{R_M - \mu}{\sigma} > -\frac{\mu}{\sigma}\right\} = Pr\left\{Z > -\frac{\mu}{\sigma}\right\}$$

（ただし、Zは標準正規分布に従う確率変数）

となる。この式に$\mu = 0.06$, $\sigma = 0.20$を代入して正規分布表から確率を求めると、

$$Pr\left\{Z > -\frac{0.06}{0.20}\right\} = Pr\{Z > -0.3\} = 0.6179$$

となる。よって求める確率は約62％である。

（注）問題文に添付した標準正規分布表はプラスの領域のみ記載している。同表は左右対象なので、$Pr\{Z>-0.3\}=Pr\{Z<0.3\}=0.6179$となる。

（コメント）平成20年はCMAプログラム改訂後、はじめての2次試験でした。初回なので「武士の情」で1次レベルの問題を出題したのでしょう。基本のキの問題なので記念に収録しました。

Ⅲ

（1）・帰無仮説：ファンドのTOPIXに対する超過リターンの期待値はゼロである。（ファンドとTOPIXのリターン間に有意な差はない。）

・対立仮説：ファンドのTOPIXに対する超過リターンの期待値はゼロと異なる。（ファンドとTOPIXのリターン間に有意な差が存在する。）

（2）有意水準5％で両側検定を行う。検定統計量を計算すると

$$(t値=)\frac{標本平均}{標準誤差}=\frac{0.38}{1.24/\sqrt{60}}=2.37$$

一方、t分布表から自由度59（サンプル数60から1を引いた数字）のt分布の上側2.5％ポイント点はほぼ2.00であるので、仮説は棄却される。すなわち、ファンドAはTOPIXよりも高いリターンを上げたと判定される。（付記：片側検定を行っても正解とした。その場合は、自由度59のt分布の上側5％ポイント点を基準に用いることになるが、基準値は1.67となり、帰無仮説が棄却されるとの結論は変わらない。）

第17章 ＜統計学基礎　4＞　回帰分析と多変量解析

練習問題　17－1

問1　B

$\hat{\beta}$ ＝標本共分散÷xの標本分散＝$30.1/31.4 = 0.96$

（別解）

　　$\overline{y} = \hat{\alpha} + \hat{\beta}\,\overline{x}$なので

$$\hat{\beta} = \frac{\overline{y} - \hat{\alpha}}{\overline{x}} = \frac{1.19 - 0.30}{0.93} = 0.96$$

問2　D

R^2 ＝ $1 -$（残差平方和）／（y の平均からの偏差の2乗和）

　　 ＝ $1 - (22 \times 2.08^2) / (24 \times 32.9) = 0.88$

（別解①）決定係数は相関係数の2乗なので、$\hat{\beta}$ ＝相関係数$\times S_y/S_x$から相関係数＝0.938を求め、これを2乗する。

（別解②）$\hat{\beta}$ x変動と y の変動の比なので、$(\hat{\beta}^2 \times S^2_x)/S^2_y =$ $(0.96^2 \times 31.4)$/32.9 ＝ 0.88

問3　D

$t =$ $(\hat{\alpha} - 0)/\hat{\alpha}$ の標準誤差 ＝ $(0.3 - 0)/0.43 = 0.70$なので、t 分布表の自由度22に相当する箇所（20と25の間）から判断する。

（コメント）これは平成13年の問題。良問なので掲載しましたが、問3は現在では2次の問題です。

練習問題　17－2

問1

第1主成分

（解釈）水準変換（シフト）

（理由）

　　対応する固有ベクトルを見ると、3ヵ月レートを除きすべての年限のレートにほぼ同水準のウェイトが割り当てられている。従って、これは金利の期間構造の水準変化を表わしていると解釈できる。

第2主成分

（解釈）傾き変化（ツイスト）

（理由）

　　対応する固有ベクトルを見ると、年限の増加に伴いウェイトが次第に小さくなり、7年レートからマイナスの値になっている。従って、これは利回り曲線の傾きの変化を表わしていると解釈できる。

第3主成分

（解釈）曲率変化（カーベチャー、バタフライ）

（理由）

　　対応する固有ベクトルを見ると、中期ゾーンとそれ以外の年限でウェイトの符号が逆であり、利回り曲線の曲率（たわみ具合）の変化を表わしていると解釈できる。

問2

98.96％

第1主成分から第3主成分の累積寄与率

　　＝第1主成分から第3主成分の分散の和／10種類のスポット・レートの分散の和

　　＝第1主成分から第3主成分の固定値の和／10個の固有値の和

　　＝（9.226＋0.477＋0.126）／9.942＝0.98863

問3

　　図表1によると、水準変化を表わす第1主成分の寄与率は92.8％で、利回り曲線の変化のうち非常に高い割合が利回り曲線の水準変化と解釈できるファクターによるものであることが示されている。これは、財務省証券ポートフォリオについては、平均デュレーションがパフォーマンスの大部分を決定することを示していると解釈できる。

問4

　　Aさんは、利回り曲線の傾き（第2主成分）や曲率（第3主成分）および非指標銘柄間のスプレッドの変動にベットする運用を行っていると推察される。すなわち、ポートフォリオの平均デュレーションをベンチマークと一致させるという制約条件のもとで、①利回り曲線の形状変化の予想に基づきバーベル型からブレット型（あるいはブレット型からバーベル型）にポートフォリオを組み替えるというイールド・カーブ戦略と、②同水準のデュレーシ

ョンを持つ他銘柄に比べてスプレッドが拡大しすぎていると判断される銘柄を組み入れるリッチ・チープ戦略、を組み合わせることによってベンチマークを上回るパフォーマンスをねらう運用スタイルを採用していると思われる。

第18章　信用リスクモデル

練習問題　18－1

問1

答え： $PD^Q(1) = 0.0437 = 4.37$パーセント

　信用リスクのある社債価格の基本公式を変形した幾つかの方法によって答えを得ることができる。

解法1　まず無リスク金利を求める。1年物割引国債価格が98円であるので、1年物の無リスク金利（1年物スポットレート）は、次の式を$r(0,1)$に関して解けばよい。

$$98 = \frac{100}{1+r(0,1)} \Rightarrow r(0,1) = \frac{100}{98} - 1 \Rightarrow r(0,1) = 1.0204 - 1 = 0.0204 = 2.04\%$$

　回収率RRは1からデフォルト時損失率LGDを差し引いたものであるので、$0.3 = RR = 1 - LGD$、従って$LGD = 0.7$である。信用リスクのある1年物割引債の価格は、リスク中立デフォルト確率$PD^Q(1)$のもとでの期待キャッシュフローを1＋無リスク金利で割り引けばよいので、

$$B(0,1) = \frac{E_0^Q[CF_1]}{1+r(0,1)} = \frac{PD^Q(1)(1-LGD(1))C(1)+(1-PD^Q(1))C(1)}{1+r(0,1)} \quad 式(1)$$

と表される。これをデフォルト確率$PD^Q(1)$に関して解き、数値を代入すると、

$$PD^Q(1) = \frac{1}{LGD}\left(1 - \frac{B(0,1)\times(1+r(0,1))}{C(1)}\right)$$

$$= \frac{1}{0.7}\left(1 - \frac{95\times 1.0204}{100}\right) = \frac{1}{0.7}(1 - 0.96938) = \frac{0.03062}{0.7}$$

$$= 0.0437 = 4.37\%$$

解法2　確実性等価係数αを用いた解法

上の式(1)を変形すると、信用リスクのある社債価格$B(0,1)$と信用リスクのない国債の価格$Z(0,1)$の間の関係は$B(0,1) = \alpha \times Z(0,1)$と表される。ここで、$\alpha \equiv 1 - PD^Q(1)LGD(1) = 1 - PD^Q(1)(1 - RR)$である。従って、$95 = (1 - PD^Q(1) \times (1 - 0.3)) \times 98$であるので、これをデフォルト確率$PD^Q(1)$に関して解けばよい。

この方法では、無リスク金利$r(0,1)$を求める必要はない。

解法3　割引国債の確実なリターンと信用リスクのある社債の「期待」リターンは均衡時には等しくならなければならない。この関係を成立させるリスク中立デフォルト確率をもとめる。リターンの均衡式は、

$$\frac{100}{98} = \frac{100 - PD^Q(1) \times 70}{95}$$

となり、この式を$PD^Q(1)$に関してとけばよい。この結果と式1が同じ表現であることは以下のようにして確かめることが出来る。

$$1 + r(0,1) = \frac{PD^Q(1)(1 - LGD(1))C(1) + (1 - PD^Q(1))C(1)}{B(0,1)}$$

$$\Rightarrow \quad \frac{C(1)}{Z(0,1)} = \frac{(1 - PD^Q(1) + PD^Q(1) \times RR)C(1)}{B(0,1)}$$

$$\Rightarrow \quad \frac{C(1)}{Z(0,1)} = \frac{C(1) - PD^Q(1)(1 - RR)C(1)}{B(0,1)}$$

$$\Rightarrow \quad \frac{100}{98} = \frac{100 - PD^Q(1)(0.7 \times 100)}{95}$$

解法4　信用リスクのある社債の現在の価格と将来キャッシュフローの関係は、

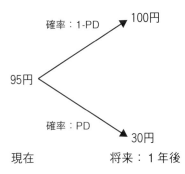

と書ける。リスク中立デフォルト確率は、式(1)を変形することにより次のように書き表わすことができる。

$$PD = \frac{(1+r(0,1))-d}{u-d} = \frac{(1+0.0204)-30/95}{100/95-30/95}$$

これは、アナリスト1次試験における、1期間2項ツリーモデルによって、オプション価格を計算する場合のリスク中立的な株価の上昇価格率を求める場合と似通っている。しかし株式（原資産）と安全資産でデリバティブズを合成できるという考え方から、デフォルト確率を求めているのではないことに注意。

問2

株式会社制度は有限責任制度のもとにある。つまり、株主にとって出資した金額以上の損失はあり得ない。株主は、原資産たる企業資産価値が、行使価格である負債額面を上回ったときに、その差分を得ることが出来る「権利」を有している。一方、企業資産価値が負債価値を下回った時（債務超過状態）には何も得られないが、それ以上の損失を負担する必要がない。この意味で、株主は企業資産を原資産として、負債額面を行使価格とするコールオプションを持っていると考えることができる。つまり、株式は、原資産が企業資産価値、行使価格が負債額面、満期が負債満期のコールオプションであると考えることができる。なお、満期前のデフォルトが可能であると仮定する場合には、このオプションはアメリカンコールであると考えられるが、ブラック＝ショールズモデルによってこのオプションの評価を行う場合には、ヨーロピアンを仮定する。

問3

デフォルト距離DDはd_2で表わすことが出来る。

企業が債務超過状態にないことは、資産価値が負債価値をどのくらい上回っているかで示される。図からも分かるように、負債満期時における企業価値の平均的な値A_Tと返済すべき負債額面価値D_Tとの差が、デフォルトに至るまでの絶対的な「距離」を表わしている。この差が負債満期における企業価値（成長率）の変動1単位あたりでどのくらいあるか、つまり、企業価値成長率の標準偏差（ボラティリティ）1単位$\sigma_A\sqrt{T}$あたりで見て、どのくらいあるかを示したのが、相対的な「デフォルト距離」である。具体的には、ブラック＝ショールズモデルの仮定が満たされるとすると、対数表示の企業資産価値（正規分布する）の期待値から同じく対数表示の割引債額面価値を差し引き、対数表示の資産価値成長率のボラティリティで割ったものとしてデフォルト距離が定義できる。それは、

$$DD^Q \equiv \frac{E_0^Q\left[\log\tilde{A}_T\right] - \log D_T}{\sigma_A\sqrt{T}}$$

$$= \frac{\log\left(\dfrac{A_0}{D_T}\right) + \left(r_F - \dfrac{\sigma_A^2}{2}\right)T}{\sigma_A\sqrt{T}}$$

$$\equiv d_2$$

で示される。これは本問で示したブラック＝ショールズ式で、$A_0 = S_0$、$D_T = K$、$\sigma_A^2 = \sigma^2$としたときのd_2と同じである。

問4

$$PD^Q(1) = 1 - N(d_2) = N(-d_2)$$

　リスク中立デフォルト確率、この場合、1年後の債務超過率は、1から1年後に債務超過にならない確率を差し引いて計算できる。つまり、デフォルト確率は、1から1年後の不確実な企業資産価値$\tilde{A}_1$が1年後の割引債額面D_1を上回る確率を、差し引くことによって得られる。ブラック＝ショールズ式では、原資産S_0が行使価格Kを超える（リスク中立）確率、つまり、イン・ザ・マネー（ITM）になる確率は$N(d_2)$で示される。こうした類推から、デフォルト確率は、

$$PD^Q(1) = 1 - Pr^Q(\tilde{A}_1 \geq D_1)$$

$$= 1 - N(d_2)$$

$$= N(-d_2)$$

として求めることができる。なお$N(-d_2)$はプットオプションがイン・ザ・マネーになる確率、つまり、資産価値が負債価値以下になる確率を示している。
（コメント）信用リスクを専門にしている人は別として普通の人には難しい問題です。ただし、この問題を見て、「私はアナリストには向いていない」などと悲観しないこと。丸投げしないで問2、問3で部分点をねらいましょう。

練習問題 18－2　　　　　　　2次！　　過去問！

問1

　この問題はブラック＝ショールズモデル、特にプットオプションの理解を基にして、信用リスクのある債券（債権）の評価問題についての理解を問う問題である。

⑴債券投資家は、企業が発行した割引債を購入する形で資金を企業に提供している。もし割引債の満期時点（T）の将来企業価値A_Tが割引債の額面D_T以上で

あった場合、債券投資家には割引債額面(満期償還額)D_Tだけが支払われる。一方、企業価値A_Tが割引債の額面D_T以下であった場合、債券投資家はその時の企業価値分しか得ることができない。従って、債券投資家は割引債満期日において、

　①原資産：「企業資産」とし、

　②行使価格：「デフォルトのない割引債の額面(満期償還額)」とする

　③「プット」オプションの

　④「売り」ポジションを取っている　と考えることができる。

(2)従って、この割引債の満期時点のペイオフ図は以下のようになるであろう。

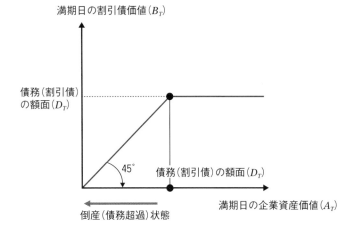

(3)上の図において、割引債を引き受けた債券投資家の満期ペイオフは、債券の株式に対する優先劣後構造から ⅰ)企業資産が割引債の額面より大きい時には割引債の額面(満期償還額)だけを得て、ⅱ)企業資産が割引債の額面より小さい時には、その時の企業資産分だけを受け取る。従って、債券投資家の満期ペイオフは、企業資産と割引債の額面のいずれか小さい方なので、括弧内の小さい値を取る$Min[・, ・]$記号を用いて次のように書くことができる。以下の導出では、以下のような関係を用いる。

$$Min(x, y) = Min(x-y, y-y) + y = Min(x-y, 0) + y$$
$$Min(x, y) = -Max(-x, -y)$$

例えば、$x = 2, y = 5$とおいて確かめて見よ。ここで、$x = $企業価値、$y = $割引債額面であるので、

$$Min[企業資産,　割引債額面]$$

$$= Min[企業資産 - 割引債額面,　割引債額面 - 割引債額面] + 割引債額面$$

$$= 割引債額面 + Min[企業資産 - 割引債額面,　0]$$

$$= 割引債額面 - Max[割引債額面 - 企業資産,　0]$$

という結果を導くことができる。最後の式の右辺第2項は、原資産を不確実な企業資産、行使価格を割引債の額面とするプットオプションの満期ペイオフを表わしている。また、右辺第2項の符号はマイナスであるので、プットオプションの売りポジションを表わしている。

　または、(2)で答えた図を観察すると、この図が、割引債の買い持ち(ロング)ポジションと、プットオプションの売り(ショート)ポジションからのペイオフを合成したものになっていることから、式展開をせずに直接この結果を導いても良い。

問2

　この問題は結合確率と行列の掛け算を基礎的な知識として、格付推移行列の知識と考え方を問う問題である。ただし、解答にあたっては、行列の知識を必ずしも必要とはしない。

(1)①現在A格付の融資が1年後A格付である確率は70%である。

　②現在B格付(破たん懸念先)が1年後にA格付(正常先)に復帰する確率は10%である。

　③一度D格(破たん先格付)になった融資はA格付あるいはB格付に復帰する可能性がないことを示している。

(2)

	現在	1年後	2年後	確率	計算過程
経路1	B	B	B	0.36	…0.6×0.6＝0.36
経路2	B	A	B	0.02	…0.1×0.2＝0.02

　当初、つまり1年目年初にB格であった格付が、2年目もB格に留まる確率は、図表2から2行2列目の対角要素である0.38である。

　一度D格に落ちたものはA格、B格に浮上することはないので、1年目年初にB格であった格付が、2年目もB格に留まる経路1として、B格→B格→B格、経路2としてB格→A格→B格が考えられる。

　図表1から、1年目年初にB格であった債権が、1年目の終わり(2年目年初)もB格に据え置かれる確率は0.6、B格のものが1年後にA格に格上げ

になる確率は0.1である。

　格付推移確率は一定で、格付推移は時間を通じて独立なため、同様に**図表1**から、１年後にＢ格であったものが２年後にＢ格に留まる確率は0.6、１年後にＡ格であった債権が２年後にＢ格に格下げされる確率は0.2である。つまり、

経路１（Ｂ格→Ｂ格→Ｂ格）の確率は、１年目0.6×２年目0.6＝0.36

経路２（Ｂ格→Ａ格→Ｂ格）の確率は、１年目0.1×２年目0.2＝0.02

この２つを合計した0.36＋0.02＝0.38が、図表２の２行２列目の0.38である。

　もし、行列の積の知識があれば、格付推移行列の自乗を計算することにより

$$
P^2 = \begin{bmatrix} 0.7 & 0.2 & 0.1 \\ 0.1 & 0.6 & 0.3 \\ 0 & 0 & 1 \end{bmatrix} \times \begin{bmatrix} 0.7 & 0.2 & 0.1 \\ 0.1 & 0.6 & 0.3 \\ 0 & 0 & 1 \end{bmatrix} = \begin{bmatrix} 0.51 & 0.26 & 0.23 \\ 0.13 & \boxed{0.38} & 0.49 \\ 0 & 0 & 1 \end{bmatrix}
$$

を得る。結果の２行２列の要素が、答えとなる。

付録　１次レベル過去問名作集

第１問

Ⅰ

問１　Ａ

　１株当たり自己資本と株価が等しいので、ROE＝要求収益率＝6.0％。

あるいは、配当割引モデル（定率成長モデル）より、

1,000＝（1,000×ROE×0.9）÷（0.06−ROE×0.1）を解いて、ROE＝6.0％となる。

問２　Ｄ

　Ｘ社株式にCAPMを適用する。

　均衡期待収益率＝リスクフリー・レート＋株式ベータ×株式リスク・プレミアムより、6％＝2％＋0.8×株式リスク・プレミアムを解いて、株式リスク・プレミアム＝5％となる。Ｙ社の株式ベータをβとすると、2％＋β×5％＝8.0％よりβ＝1.2となる。

問３　Ｃ

　Ｙ社では、期待ROEが要求収益率を上回るので、株価は１株当たり自己資本の1,000円（＝1,000億円÷1億株）よりも高くなる。この結果は配当性向に依存

しない。

問4　D

　配当性向が60％のとき、1年後の1株当たり配当は60円、2年後の1株当たりの配当は62.4…円である。

配当の成長率は4％（＝ROE×内部留保率）であるから、定率成長モデルを用いると、株価＝配当÷（要求収益率－配当の成長率）＝60÷(0.08−0.04)＝1,500円となる。

問5　E

　1年後の1株当たり配当は50円、2年後の1株当たり配当は52.5円、3年後以降は110.25円である。2段階成長モデルを用いると、

Y社株価＝$(50÷1.08)+(52.5÷(1.08)^2)+(110.25/0.08)÷(1.08)^2＝1,273$円

従って、Eが最も適切である。

Ⅱ

問1　C

1株当たり純利益＝純利益総額÷発行済株式数＝120÷8＝15（円）

益回り＝1株当たり純利益÷株価＝15÷300＝0.05（5％）

問2　E

ROE＝純利益÷自己資本＝120÷800＝0.15（15％）

配当性向＝配当額÷純利益＝48÷120＝0.4（40％）

サステイナブル成長率＝ROE×(1−配当性向)＝0.15×(1−0.4)＝0.09（9％）

問3　C

PER＝1÷益回り＝1÷0.05＝20（倍）

定率成長モデルより

PER＝配当性向÷（要求収益率－サステイナブル成長率）

であるから、要求収益率をkと置くと、20＝0.4÷$(k−0.09)$

となる。

$k＝0.4÷20+0.09＝0.11$（11％）

（別解）株価＝300円、1株当たり今期予想配当＝48÷8＝6円。

定率成長配当割引モデルより、

株価＝1株当たり今期予想配当÷（要求収益率－サステイナブル成長率）

300＝6÷$(k−0.09)$、$k＝0.11$（11％）

問4　A

Z社では、ROEが15%、現在の株価水準と整合的な要求収益率が11%となっており、

ROE＞要求収益率

の状況である。ROEが要求収益率を上回っている場合には、配当性向を引き下げて内部留保率を上昇させると、実質的にNPVがプラスの投資を行うこととなって、PERが上昇する。そのため、Aが正解となる。

問5　B

残余利益＝純利益－期首（前期末）自己資本×要求収益率

$$= 120 - 800 \times 0.12 = 24（億円）$$

問6　B

残余利益モデルのもとでは、

理論株価＝1株当たり自己資本＋1株当たり残余利益÷（要求収益率－残余利益のサステイナブル成長率）

$$= (800 \div 8) + (24 \div 8) \div (0.12 - 0.08) = 175（円）$$

第2問

I

問1　D

$$\Delta P \fallingdotseq -D_{\mathrm{mod}} \times P \times \Delta r = -4.84 \times 100.97 \times (-0.001) \fallingdotseq 0.489$$

問2　B

$$\frac{1}{2} \times C_V \times P \times (\Delta r)^2 = \frac{1}{2} \times 28.50 \times 100.97 \times (-0.001)^2 \fallingdotseq 0.0014円$$

II

問1　B

$$\sqrt[5]{(1+0.039)^4 \times (1+0.034)} - 1 = 0.0380$$

問2　E

$$\sqrt{(1+0.0400)^3/(1+0.030)} - 1 = 0.0450$$

問3　D

$$\frac{100}{(1+0.039)^4} = 85.81$$

問4　C

$$\frac{C}{1+0.0300} + \frac{C}{(1+0.035)^2} + \frac{C+100}{(1+0.0400)^3} = 100.00 \quad より \quad C = 3.97$$

問5　E

$$\frac{\dfrac{100}{1.0350^2}}{\dfrac{100}{1.0400^3}} - 1 = 0.0501$$

2年後スタートの1年フォワードレート5.01％に一致する。

問6　C

$$\frac{\dfrac{100}{1.0400^2}}{\dfrac{100}{1.0400^3}} - 1 = 0.0400$$

購入時の最終利回りと売却時の最終利回りが変わらないときの保有期間利回りは購入時の最終利回りに一致する。

問7　A

$$\frac{\dfrac{100}{1.0420^3}}{\dfrac{100}{1.0390^4}} - 1 = 0.0300$$

いわゆる純枠期待仮説の場合に相当するので、1年金利に等しくなる。

第3問

Ⅰ

問1　C

上昇かつ下落したときの株価は100円×1.1×0.9＝99円。従って、その時のオプション価格は、$Max[99円 - 95円, 0] = 4円$

問2　E

リスク中立確率は$p = \dfrac{(1+r) - d}{u - d}$であるので$\dfrac{(1+0.05) - 0.9}{1.1 - 0.9} = 0.75$。

問3　A

ストラドルの買いは，同じ行使価格のコールとプット1単位の買いを意味する。契約開始時にコールの買いに10円、プットの買いに10円、合計20円が必要である。満期株価が110円になると、コールオプションの買い手は契約を行使し、110円 - 100円 ＝ 10円の利益を得る。従って、コールの買いからの正味損益は、＋

10円＋（－10円）＝0円、他方、株価が110円のときには、プットの権利行使は行われないので、最初のプットオプション料10円を考えると、プットからの正味損益はマイナス10円。従って、ストラドルの買いポジションからの正味損益は合計マイナス10円。

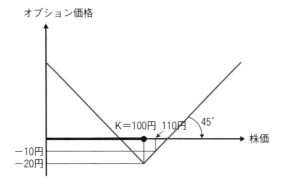

Ⅱ

問1　D

$(9,340 - 9,750) \times 1,000 \times 50 = -20,500,000$

問2　B

先物1単位当たりで60万円－50万円＝10万円の累積損失が発生したときに追加証拠金の拠出を求められる。これは先物価格が10万÷1,000＝100ポイント下落することに相当する。

問3　D

$$\frac{9,750 - 9,717}{9,717} \times \frac{360}{126} + 0.0059 \approx 0.0156 \qquad *0.0059 = 配当利回り$$

問4　D

市場金利(リスクフリー・レート)が0.17％であるから、資金を借り入れて、現物買い・先物売りを実行すると、0.17％の資金で借り入れて1.56％の運用金利を獲得することになる。

問5　A

資金を借り入れて現物を買い、満期まで保有するとして、満期日に必要となる資金返済額を計算すればよい。$9,717 \times \left(1 + \frac{126}{360} \times \frac{0.17 - 0.59}{100}\right) \approx 9,702.7$

問6　A

　先物価格が割高のときは現物買い・先物売りの裁定取引、先物価格が割安のときは現物売り・先物買いの裁定取引を行うことになる。前者の取引コストは123.49円、後者の取引コストは148.19円と与えられているので、裁定取引で利益が出ない先物価格の範囲は、[9,703 − 148.19, 9,703 + 123.49] = [9,554.81, 9,826.49] となる。

問7　A

　コールプレミアム1,370円はイントリンシック・バリュー1,467円（9,717円 − 8,250円）を下回っており、コール買いの裁定取引が可能と考えられる。AとCがコールの買いを含むが、Cはネットの買いポジションであり、Aのみに裁定取引の可能性がある。

　念のために確認すると，現物の空売りとコールの買いで，差し引き9,717 − 1,370 = 8,347円が手元に残り、これを金利運用できる。(a)コールが満期日にイン・ザ・マネーになれば、8,250円を使ってコールを権利行使し，買い取った株式を空売り株の買い戻しに使えば，金利運用した資金と8,250円の差額が手元に残る。(b)コールが満期日にアウト・オブ・ザ・マネーになるときは、株価が8,250円以下になるので、金利運用した元手8,347円の資金を空売り株の買い戻しに使っても、余分の資金が残る。

　参考に各ポジションのペイオフを図示すると次のとおり。

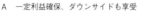

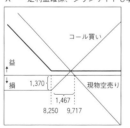

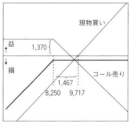

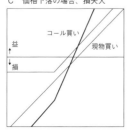

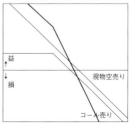

問8　A

満期日のSQをSとすると、利益が出るための条件は

$$S<8,250（イン・ザ・マネーで終わる）かつ（8,250-S）-40>0$$

これより$S<8,210$。

問9　E

株式ポートフォリオに発生する利益は

$$120億円×\left[\left(\frac{11,000}{9,717}-1\right)+0.0059×\frac{126}{360}\right]=16億922万円$$

オプションのプレミアムは270円×1,000×500＝1億3,500万円

満期にオプションはアウト・オブ・ザ・マネー。よって、トータルでは14億7,422万円の利益。

問10　D

プット・コール・パリティー式より

$$コールの理論価格=40+9,717-\frac{8,250}{1+\dfrac{0.17}{100}×\dfrac{35}{360}}=1,508.36$$

問11　B

コールが割安なので、裁定取引は、コールの買い、プットの売り、現物の売り、資金の貸出しとなる。

コールの買い、プットの売り、現物の売りを1単位ずつ行うと、今日の資金収支は$-1,370+40+9,717=8,387$円の収入になる。これを金利0.17％（年率）で運用して、オプションの権利行使価格8,250円を支払うと、満期日の資金収支は

$$8,387×\left(1+\frac{0.17}{100}×\frac{35}{360}\right)-8,250=138.4円$$

の入超になる（下のペイオフ表を参照）。

商品	ポジション	今日の収支	満期日の収支	
			S(T)≧8,250のとき	S(T)<8,250のとき
コール	買い	−1,370	S(T)−8,250	0
プット	売り	+40	0	S(T)−8,250
現物	売り	+9,717	−S(T)	−S(T)
現金	貸出し	−8,387	8,388.4	8,388.4
合計		0	138.4	138.4

第4問

Ⅰ

問1　C

$(-0.2) \times 4 + 1.2 \times 7 = 7.6\%$

問2　A

ポートフォリオの分散

$= 0.6^2 \times 22^2 + 0.4^2 \times 31^2 + 2 \times 0.6 \times 0.4 \times 22 \times 31 \times 0.3$

$= 426.2$

ポートフォリオの標準偏差 $= \sqrt{426.2} = 20.6\%$

問3　B

$\rho = \beta_i \dfrac{\sigma_M}{\sigma_i} = 0.4 \times \dfrac{20}{22} = 0.36$

問4　D

株式Yの非市場リスク＝トータルリスク－システマティックリスク

$= 31^2 - 1.2^2 \times 20^2 = 385$

非市場リスクの割合 $= \dfrac{385}{31^2} = 40\%$

問5　B

ポートフォリオの $\beta = 1$ より、$0.4w + 1.2(1-w) = 1$

$w = 0.25$

問6　E

ポートフォリオの標準偏差 $= 0.7 \times 20 = 14\%$

問7　C

$z = \dfrac{0-6}{20} = -0.3$

標準正規分布表より、$P(z < -0.3) = P(z > 0.3) = 1 - 0.62 = 0.38$

Ⅱ

問1　B

1年後の株式Xのリターンは44.6%、－3.6%、－27.7%の3通り。

1年後の株式Xの期待リターンは、

$0.28 \times 44.6 + 0.56 \times (-3.6) + 0.16 \times (-27.7) = 6.0$

問2　B

1年後の株式Xのリターンの標準偏差は、

$$\sqrt{0.28 \times (44.6 - 6.0)^2 + 0.56 \times (-3.6 - 6.0)^2 + 0.16 \times (-27.7 - 6.0)^2} = 25.5$$

問3　C

リスクフリー・レートは1年物割引債の国債Aのリターンに等しい。

$$リスクフリー・レート = \frac{100}{95} - 1 = 0.053$$

問4　D

市場はノー・フリーランチが成立しているので、任意の証券について、以下の式が成立している。

$$現在価格 = \sum_{i=1}^{3} p_i CF_i$$

p_i：状態iの時の状態価格、CF_i：状態iの時の将来キャッシュフロー

これを国債Aに当てはめると

$$95.0 = 0.25 \times 100 + 0.55 \times 100 + p_3 \times 100$$

これを満たすp_3を解くと、$p_3 = 0.15$

注：株式Xに当てはめても$p_3 = 0.15$が得られる。

問5　A

問4で求めた状態価格$p_3 = 0.15$を用いれば、株式Yの現在価格は以下のようになる。

$$0.25 \times 200 + 0.55 \times 100 + 0.15 \times 50 = 112.5$$

（別解）株式Yのペイオフは株式X－国債Aでも得られる。

よって、株式Yの現在価格は、$207.5 - 95.0 = 112.5$

問6　C

リスク中立確率＝(1＋リスクフリー・レート)×状態価格より、

「好況」のリスク中立確率は、**問3**の解0.053を用いて$(1.053) \times 0.25 = 0.26$

問7　E

株式Xの行使価格＝200円のコールの1年後のペイオフは、好況100円、現状維持0円、不況0円となる。

よって、コールの現在価格は、

$$0.25 \times 100 + 0.55 \times 0 + 0.15 \times 0 = 25$$

索 引

著者紹介

金子　誠一
横浜市立大学非常勤講師
1973年早稲田大学政経学部卒。朝日生命保険（相）入社、米国不動産投資現地法人副社長、外国為替課長、年金運用業務部長等を歴任。2002〜14年日本証券アナリスト協会勤務。2007〜11年同協会理事。2013〜20年横浜市立大学非常勤講師。
（著作）証券アナリスト協会第2次レベル通信テキスト「投資政策」（1993〜2006年）、「国際投資」（2002〜2006年）、「ケーススタディ」（1994〜2006年）（いずれも共著）。
"Converging to International Accounting Standards : Views from Japan", *Australian Accounting Review*, September, 2008（共著）。
『会計パーソンのための英語学習法』中央経済社、2012年。
日本証券アナリスト協会検定会員（CMA）。

佐井　りさ
大阪大学大学院経済学研究科　講師（2011〜18年）
2006年東京大学経済学部卒。2011年同大学大学院にて経済学博士号を取得。大学院在学中の2008年より日本証券アナリスト協会「数量分析入門教室」、「ポートフォリオ理論初級講座」等の講師を務める。
（著作）「100パーセント・マネー再論：フィナンシャル・テクノロジーの挑戦」、『現代ファイナンス』、2006（共著）。
「グローバル・リスクシェアリング─強靭な金融システムの構築に向けて─」、『経済学論集』、2007（共著）

増補改訂　証券アナリストのための数学再入門

2012年 4 月30日	1 版 1 刷	
2014年 5 月 8 日	1 版 2 刷	
2019年 4 月 1 日	1 版 3 刷	
2022年 2 月 1 日	1 版 4 刷	
2023年10月25日	1 版 5 刷	

著　者　　　金子　誠一・佐井　りさ
発行所　　　ときわ総合サービス株式会社
　　　　　　〒103-0022　東京都中央区日本橋室町4-1-5
　　　　　　　　　　　　　共同ビル（室町四丁目）
　　　　　　電話（03）3270-5713　　FAX（03）3270-5710

印刷・製本　株式会社平河工業社
ISBN978-4-88786-087-2　C3041　￥2600E